微表情与微动作心理学

焦庆锋／主编

吉林文史出版社
JILINWENSHICHUBANSHE

图书在版编目（CIP）数据

微表情与微动作心理学 / 焦庆锋主编 . -- 长春：吉林文史出版社，2019.8

ISBN 978-7-5472-6524-6

Ⅰ . ①微… Ⅱ . ①焦… Ⅲ . ①表情—心理学—通俗读物②动作心理学—通俗读物 Ⅳ . ① B84-49

中国版本图书馆 CIP 数据核字 (2019) 第 173072 号

微表情与微动作心理学

WEIBIAOQING YU WEIDONGZUO XINLIXUE

主　　编 / 焦庆锋
责任编辑 / 孙建军　董　芳
出版发行 / 吉林文史出版社有限责任公司（长春市人民大街 4646 号）
网　　址 / www.jlws.com.cn
版式设计 / 晴晨时代
印　　刷 / 北京欣睿虹彩印刷有限公司
版　　次 / 2019 年 11 月第 1 版　　2019 年 11 月第 1 次印刷
开　　本 / 880mm × 1230mm　1/32
字　　数 / 113 千字
印　　张 / 8
书　　号 / ISBN 978-7-5472-6524-6
定　　价 / 42.80 元

前言

FOREWORD

一般来说，高情商的人总能在职场混得风生水起，让多数人都佩服；低情商的人却只能越混越差，得罪很多人。高情商的人为什么让人喜欢呢？通常他们都懂得如何察言观色。《论语·颜渊》里，孔子曰："夫达也者，质直而好义，察言而观色。"什么意思呢？孔子告诉我们，做人要做个好人，要做个善于观察周围人的喜怒哀乐的好人。可见，察言观色有多么重要。

很多时候，一个人的情商比智商更重要。毕竟每个人都生活在社会中，都要与其他人交往，情商太低，不但可能伤害别人，对自己也不利。可是，这个世界上的人情商却有高有低。情商高的人总是会察言观色的，他们在和人相处的过程中，不会轻易地给人下定论，不会随着自己的心情而做出不同的举动，也不会口无遮拦地说很多。他们反而很善于察言观色的，懂得照顾别人的情绪，也懂得根据别人的情绪来判断什么话该说，什么话不该说。因此，他们在和人相处的过程中总是惹人爱的，人缘非常好。

察言观色，识人辨人，是很多人想要掌握的技能，心理学关于这方面的书籍也有很多，但这些技巧都是要通过大量的学习和实践才能掌握的。为了让广大读者尽快掌握这项技能，我们推出这本《微表情与微动作心理学》，该书从心理学的角度来讲解如

何在社会中灵活运用微表情与微动作心理学的技巧，使你更加受大家欢迎。

由于编纂时间仓促，加之水平有限，编写过程中难免发生纰漏，还希望广大读者批评指正。

第一章 你也可以成为个性分析师 / 1

第二章 面部微表情的学问 / 29

第三章 声入人心 / 67

目
录
content

目
录
content

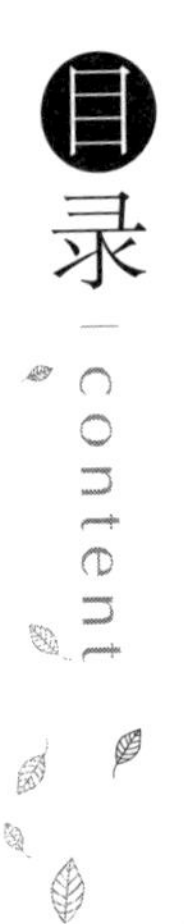

第一章

你也可以成为个性分析师

管中窥豹，可见一斑。在现实生活中，当我们说到心理分析这个话题时，都觉得是很深奥的话题，其实无论是对主体还是对客体，无论是抽象概念还是具体现象，归根结底都来源于我们在感性经验的基础上，对理性经验的升华。马克思主义认为，共性寓于个性之中。只要掌握事物的普遍具体特征，并对其进行分门别类，进行归纳，一个人或者说一个群体的大致性格、心理就已经被分析出来了。

○

打开他人心门儿的金钥匙

当今社会错综复杂，生活中形形色色的人很多，我们每天都要和不同的人打交道。在和陌生人交往时，我们需要保持谨慎，争取在最短的时间内探知对方的心理活动，了解其性格特征。只有做到知己知彼，才能在以后的交往中占得先机，取得主动权，使自己立于不败之地。

植物学家观察一株花草，就能写出一篇有趣儿的植物志；地质学家研究一块岩石，就能讲出一段生动的地球故事；天文学家用一架望远镜与分光镜，就能观测距离地球百万光年的星球，通过计算该星球的大小、构造、速度和化学成分等数据，就能完成一部科学论著。其实看人和观察一株花草、一块岩石、一颗星球的道理类似，它需要有理论的依据和实践经验的积累。

看人，关键在于“看”。作为父母和老师，怎样开发孩子的潜能，如何正确引导孩子发挥自身优势？作为一个领导，如何激发下属工作的积极性，提高其工作效率？作为一般员工，如何领会上司的意图，圆满完成工作？作为一个谈判者，如何洞察对手的心理活动，做出正确判断？作为经营者，怎样把握消费者的心理，提高自己的营业收入？

要想扮演好这些社会角色，你首先要成为一名个性分析师——注意我的用词，是“个性分析师”，而不是“性格分析

师”，尽管很多人称我为“性格分析师”，可实际上，我的工作不仅仅是分析一个人的“性格”。

也许对于很多人来说，“分析师”具有一定的神秘性。其实，“分析”无非就是在“看”的基础上，利用一些科学知识和数据进行分析和预测。只要知道一些标准，掌握一些技巧，人人都可以成为“个性分析师”。

首先，看人的第一步，就是通过观察一个人的外貌和一些外在行为的表现，对这个人进行直观的判断。一个人在形体上有八种特征，这些显而易见的特征能反映出他的性格、思维方式、生活方式以及自身的优点和缺点。这八种形体特征具体如下：

1. 人体的颜色

包括一个人的皮肤、头发、眼睛、胡须等的颜色。有的人黑头发，黑眼睛，黄皮肤，有的人金发碧眼，白色皮肤。人体颜色的不同也决定了其性格、身体、智力等方面的差异。

2. 体形特征

有的人高大强壮，有的人小巧精致。从整体来说，东方人和西方人的身材也有着明显的差别，就算在同一个国家，因为地域的不同、个体差异等因素，人们的身材也有很大差异。

3. 毛发、皮肤和面貌等人体组织

有些人毛发干枯，皮肤粗糙；有些人毛发柔顺，皮肤细腻；有些人满面红光；有些人面色暗沉。造成这些差别的原因既有先天的遗传因素，也和后天的生活环境有很大关系，这些都能很好地反映一个人的兴趣爱好、生活习惯和价值取向等方面的问题。

4. **人体结构**

一个人的身体结构和他的生存方式关系比较密切。一般说来，思想家有智慧、有规划、创造力强，并且善于分析和推理；实干家习惯用实际行动去实现思想家制订的计划；管理型的人有魄力，常常对思想家和实干家进行管理和监督。

5. **人的面部特征**

包括眼、耳、鼻、口等器官。这些部位的形状和动作，都在一定程度上反映了一个人的内心世界。

6. **肌肉的松弛度和骨骼的韧性**

和一个人握手时就能感觉到他的手是强劲的还是柔软的；一个人身体的柔韧性是好还是差，这些都决定了这个人适合做什么和喜欢做什么。

7. **身体各部位的比例**

如果你对此留心观察的话，会有很多有意思的发现。

8. **动作和声音**

这是一个人身体语言中最有动感和质感的。对方走路的姿势、坐姿、握手的方式、语音语调等，都在向你无声地表达了他的思想。但是有些身体语言是对方故意设下的圈套，你要学会分辨，只有那些自然流露的、转瞬即逝的细节，才是一个人真实性情的反映。

每个人都有一扇属于自己的心灵之门。要想走进一个人的内心深处，看透他的思维真相，关键在于找对那把开门的钥匙。

这八种形体特征就是打开他人心灵之门的金钥匙，同时也是你走向成功和幸福的金钥匙。

手上的学问

在人类社会的早期，我们的祖先就开始使用双手制造简单的工具。科学研究表明，手部有丰富的神经组织，是人身体上神经末梢最多的部位之一。手的颜色、结构、纹理的粗细、柔韧度、形状甚至指甲里，都隐藏着一个人的脾气禀性。

总体来说，手有六种基本形态。

1. 理想型的手

整体来看，这种手形较小。手掌长而且纤瘦，手指呈椭圆形，手指尖儿较细。手部的皮肤细腻而柔软，指甲呈杏仁形。

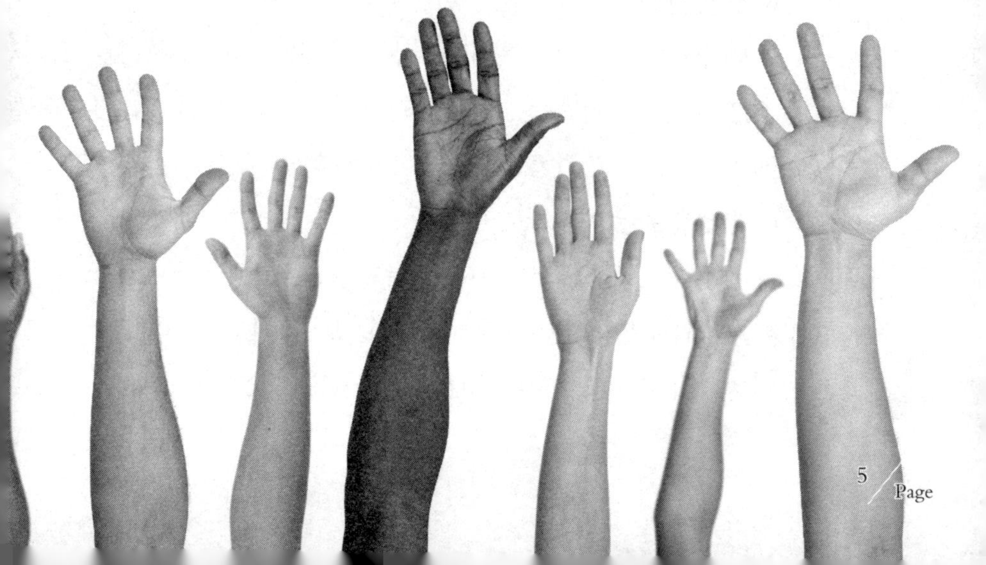

这是幻想家、诗人、艺术家和文人的手。拥有这种手形的人，无论男女都比较敏感、爱美，通常会有些不切实际的幻想。

2. 安逸型的手

这种手形略短、稍宽，手指稍尖。拥有这种手形的人，性格比较敏感、冲动，他们比较喜欢安逸的生活。你可以进一步观察他们的拇指是坚硬的还是软弱的，以此来判断他们是否有所成就。

3. 哲学家的手

这种手关节明显凸出，手指多节，指甲长而整齐。拇指较大，多骨并且坚硬。有这种手形的人，善于处理纷乱的问题，他们喜欢推理，是独立的思想者，严正不偏。

4. 实干家的手

手形紧实呈方形，拇指大而且坚实，指甲短。拥有这种手形的人通常有机械或建设方面的才能，他们好动而且勤奋，是脚踏实地的实干家。

5. 好动型的手

从侧面看，这种手形平而薄。手指下部较细而指端较宽。这种手形的人工作能力强，而且比较好动。他们为人精明而且富有创造力，许多发明家、航海家和工程师都有这样的手。

6. 劳动者的手

这种手的手掌厚而且发硬，手指较粗，拇指呈短棒型，皮肤粗糙。这种手形的主人通常是体力劳动者，他们头脑简单，四肢发达，没有理想和智谋，性情相对来说比较粗暴。

看到这里，也许你会说："我的手不是其中任何一种。"不错，以上只是基本手形，大部分人的手形其实都是混合型的。"看手识人"有时候还需要结合手心的颜色来看。

如果一个人的手心发白，这个人比较自私、自大，缺乏同情心；如果一个人的手心微微泛红，这个人性格比较温驯，比较热心肠；如果一个人的手心呈现出深红的颜色，表明这个人很真诚并且富有活力，但他很可能性情急躁；如果手心是褐黄色的，那么这个人的健康可能有问题，而且这种人大多愤世嫉俗，比较悲观。

另外，指甲里也藏着很多秘密。指甲短小的人生性多疑，喜欢指责别人；指甲宽的人体力较强，而且很有耐性；指甲长而且宽度适中的人比较爱美，他们很可能是艺术家，哲学家或诗人。

和指甲紧紧相连的指端也是我们"看人"的重要部位。一般来说，指端越尖的人越爱幻想，他们喜欢追求完美；指端越宽的人越注重实际；指端呈方形的人比较守规矩；指端修长的人比较注重细节，并且做事很有条理，会计、秘书、研究者是最适合他们的职业；指端扁平形如船桨的人通常精力比较旺盛。

握手习惯与人的性格

握手是最早流行于欧洲的一种社交礼仪，现在已经成为一种世界性的礼仪习惯。美国一位心理学家指出，一个人握手的习惯可以反映出他的性格。以下八种不同握手的习惯，分别代表了八种不同的性格类型。

1. 沉稳专注型

握手的力度适中，动作沉稳，并且双眼会注视对方。这种类型的人性格比较坦率，有自信，给人一种可靠的感觉。这类人心思缜密，逻辑推理能力强，能提出一些有建设性的意见。他们不管在什么岗位上都值得信赖。

2. 两手并用型

有些人握手时，喜欢用两只手一起握住对方。这种类型的人心地善良，对朋友能够坦诚相待，爱憎分明。

3. 长握不舍型

握住对方的手久久不愿分开，这一类型的人通常情感比较丰富，喜欢结交朋友，对朋友忠贞不渝。

4. 不愿握手型

不愿意和他人握手的人，性格一般比较内向、害羞。虽然他们性格比较保守，不会轻易付出感情，可一旦结下了情谊，无论是对爱人还是朋友，这种感情就会比金子还坚固。

5. 摧筋裂骨式

握手时，如果对方紧紧抓着你的手掌，并且用很大的力度捏挤，甚至使你感觉到了疼痛。这种类型的人精力充沛，对自己充满自信，是一个独断专行的人。他们通常具有非凡的领导力和组织能力，比较适合做领袖。

6. 心不在焉型

握手的时候，几乎没有什么力度，只是轻柔地握着对方。这种类型的人性格比较随和、开朗，非常洒脱和谦和。

7. 用指抓握型

握手的时候，只用手指握住对方的手掌心，不愿和对方有过多的接触。这一类型的人一般比较敏感，情绪容易激动。但他们的内心比较平和，心地善良，很有同情心。

8. 上下摇摆型

握手的时候，紧紧握住对方的手并且不停地上下摆动。这种类型的人非常乐观，他们县有积极的生活态度，因为积极热情，所以常常会成为焦点人物。

五种站姿看性格

多年以来，我习惯站在窗前看大街上的陌生人。通过分析一个人站立或行走的姿势，来揣摩其心理活动，这让我乐在其中。经过长时间的观察，我发现无论是在商场、公园，还是在一般的社交场合，人们站立时的姿势大概分为五种：丁字步、双腿张开、双腿交叉、自然站直以及立正的姿势。下面我就谈谈在这几种站立姿势下的心理状态。

1. 自然站直

两腿自然直立，既不紧张，也不松垮，或稍微有点儿并拢。

习惯于这种站姿的人往往比较保守，但是工作起来却表现得脚踏实地，不愿与人争斗，比较容易得到满足。这类人在感情上比较急躁，在短时间内会对一个人紧追不放，但经不起长时间的考验。这类人一般不会拒绝别人的请求，所以人际关系比较融洽。

2. 丁字步

两腿微微张开，前后有交叉，一只脚承受身体的重心，另一只脚使身体保持平衡的状态。

这是一种最为常见的站立姿势，因为这种姿势既显得活泼，又便于随时移动，而且有利于说话和呼吸。如果双腿站直，则给人不容易接触的感觉；如果双腿稍微有些放松，则给人友好的感觉。在一些社交场合，如果细心观察，你就会发现，某个人前脚脚尖儿所指的方向常常就是他的兴趣所在。比如，当一

个人和一群人在谈话时，他会不自觉地把脚尖儿朝向自己最好的朋友；如果他把脚尖儿指向身体的左侧或右侧，那么他是在暗示别人：不好意思，我要离开了。

3. 立正姿势

两腿并拢，身体挺直，双脚尖儿向前，双腿共同支撑身体。

这种姿势常常出现在老板和员工、长辈和晚辈、教师和学生、陌生男女之间。立正姿势表示对对方的尊重或者对事件的重视。如果一个人习惯于经常这样站立，那表明这个人比较深沉严谨、一丝不苟、不善言辞，这种类型的人虽然难以接近，但往往能成就一番事业。

4. 双腿交叉

一条腿保持直立，另一条腿交叠于身体的前边或后边，脚后跟稍微提起。

在聚会中，有些人习惯将双臂或双脚保持交叉的姿势，如果细心观察，就会发现这些人之间的距离很大。如果是女性保持这种姿势，那么就表明她想留下来或者不想让人靠近。

5. 双腿张开

双腿伸直，两脚间的距离超过了胯部，和地面形成了三角形。

这种站立姿势常见于男性，这往往充满了挑战、反抗和决斗的意思。在竞技场，一些男性选手通常会在比赛开始或者结束时摆出这种姿势，以表现自己的男子汉气概和战斗力量。如果一个人在日常生活中习惯保持这种姿势，那么 90% 就可以断定，这个人很自信，并且具有不服输的性格。

坐姿表现你的性格

人们在座位上通常会有不同的坐姿。比如跷二郎腿儿、并拢双腿、脚踝处交叉等。如果你对手的坐姿是两脚自然外伸，那么可以断定这个人比较沉着稳重、不急不躁，你就不必太紧张，因为这类人大部分性格都比较直爽。下面的内容就是通过一个人的坐姿来判断其性格和心理状态。

1. 温顺型坐姿

双腿和双脚跟紧紧并拢，双手放在膝盖上，身体保持端正。

这种类型的人一般性格都比较内向，感情世界很封闭，语言和行动都是慢节奏的，他们和性格外向的人很难相处。但这类人为人谦逊，常常为别人着想，对待工作细致认真，并且生活比较简朴，绝不会铺张浪费。

2. 自信型坐姿

左脚交叠于右脚上，双手交叉放在大腿的两侧。

这种类型的人天生聪明，很有主见，能想方设法地去实现自己的目标。他们有很强的组织能力和协调能力，往往担任着领导者的角色，很多人都心甘情愿地追随他们。但他们有时会表现出得意忘形，从而忽略了别人的感受。

3. 悠闲型坐姿

半躺半坐，双手抱在脑后。

这种姿势看起来很不端庄，但习惯这种坐姿的人性格很随和。他们往往有着严谨的逻辑思维能力和坚强的毅力，办事效率高，能把工作和生活处理得井井有条。另外，他们对金钱并没有太大的欲望，买东西时不会货比三家，只凭感觉购买。

4. 羞怯型坐姿

两膝盖并在一起，小腿分开呈“八”字形。两只手掌相对，并放在两腿中间。习惯于这种坐姿的人大都很害羞，说几句话就会脸红、局促不安。这类人思想保守、因循守旧、不善于和别人打交道，有时甚至让人感到莫名其妙。

在工作中，他们不愿意创新，总是习惯借用过去成功的做法，所以这种类型的人适合做那些固定模式的工作。他们感情细腻，对待朋友很真诚，但有时因为性格过于内向安静，常常被人忽视。

5. 坚毅型坐姿

大腿分开，两脚跟并拢，两手习惯放在肚脐的部位。

这种类型的人具有非凡的勇气，性格刚毅，一旦决定了某件事情，就会立刻付诸行动。他们天生好战，对挑战充满了兴趣。他们拥有领导者的权威和气魄，很多人表面对他们很尊重，但那只是迫于他们的压力而已。他们敢于担当责任，从来不会惧怕压力，但不会巧妙处理人际关系。在感情上，他们有很强的占有欲，常常对恋人的生活横加干涉，因而容易遭到恋人的讨厌。

6. 古板型坐姿

两腿及两脚跟并拢，双手放在大腿的两侧。这种类型的人性格比较古板、固执，不容易听进去别人的建议，一意孤行，明明知道别人说的是对的，也不肯低下头接纳别人的建议。他们常常给人一种高不可攀的感觉。他们做事力求尽善尽美，对文学、艺术有着浓厚的兴趣，但有些想法不太现实，无法付诸实践。他们不善于变通，在现实生活中很容易碰壁。

7. 冷漠型坐姿

右腿交叠放在左腿上，两小腿靠拢，双手交叉放在腿上。

这种类型的人看起来平易近人、和蔼可亲，实际上却表现得很冷漠。他们从来不会主动去帮助别人，除非别人有求于他们。这种类型的人比较理性，缺点是圆滑、自私。这种人因为冷漠，能排除外界的干扰，所以相对来说，工作能力比较强。从表面上来看，他们人缘儿很好，但其实知心朋友很少。

8. 放荡型坐姿

两腿分开的距离很大，两手随意放置，呈现出比较开放的坐姿。

这类人思想活跃，对新鲜事物很感兴趣，能引领潮流。习惯于这种坐姿的人脸上总是挂着笑容，不在乎别人对自己的批评，因此有很好的人际关系。但有时他们的生活习惯和思维方式很特别，会给别人留下轻浮的印象，甚至给自己的家庭带来烦恼。

9. 林肯式坐姿

双腿分开端坐在椅子上，手放在椅子的扶手上，并将外套敞开。

这种坐姿表现了坦诚。当交谈的两个人采用林肯式的开放坐姿时，这就意味着相互之间没有抵触，沟通会比较顺利。

10. “4”字形坐姿

一条腿弯曲并横放在另一条腿上，使身体和椅子呈“4”字形。

有一幅漫画是这样画的：两位政治家面对面坐着在谈论时政，一位身体往后倾，两手抱住后脑勺儿，两腿交叉呈“4”字形，满脸得意的样子；另一位则耷拉着脑袋，向前耸肩，双手无力地搭在腿上，一副无精打采的样子。

很显然，“4”字形坐姿的政治家占了上风，这种坐姿会给人自高自大的感觉，在谈判中，如果对方长时间保持这种坐姿，则表明你们的谈判已经进入僵局，除非你肯做出让步。因为他似乎在表明自己这样的态度：“我是不会改变决定的，你看着办吧！”

看走姿判断性格

通过观察一个人走路的姿态来判断他的性格和心理特点，这个观点自古有之。我相信，对于这方面的知识你肯定会感兴趣的。

1. 步伐平稳

这是典型的现实主义派。这种类型的人办事很稳重，绝不会好高骛远。如果他们在单位得到提拔或受到重视，依仗的绝不是什么“后台”，而是靠自己的实力奋斗而来的结果。他们不会轻易相信别人，但如果把他们当作朋友，他们会特别讲诚信、守承诺。

2. 步伐急促

这种类型的人是典型的实干家，他们大多数精力充沛，精明能干，敢于应对生活中的各种挑战。如果你的下属里有这样的人，应该重用他们，因为他们适应能力超强，做事讲究工作效率。把工作交给他们来做，他们一定会在最短的时间内，圆满地完成任务。另外，这类人敢于担当责任。因此，很多人都把他们当作最可靠的朋友。

3. 身体前倾

这种类型的人一般性格比较内向，见到陌生人或异性时，多半会脸红。但这些人大都有良好的自身修养，为人谦虚，从不花言巧语，通常很珍惜友谊和感情，平常不苟言笑，不太善于交际。当他们受到伤害时，不愿向别人倾诉，只是一个人默

默地承受痛苦。

4. 昂首挺胸

这类人喜欢以自我为中心，不注重人际交往，不轻易向别人求助。他们思维敏捷，做事条理性强，考虑问题比较周到。他们很注意自己的形象，衣服始终保持整洁。可这类人最大的缺点是羞怯和缺乏坚强的毅力。他们虽然有很多宏伟的计划，但没有勇气付诸行动，事业上也就不会很成功。

5. 走路摇摆

这种走姿的人看似比较放荡，但其实他们心地很善良，待人热情诚恳，很容易与人相处，喜欢热闹。日常生活中他们总爱出风头，时不时地还会取笑别人，但他们对待爱情和婚姻却相当谨慎。

6. 军事步伐

这种人比较有毅力，他们制定的目标一般不会受外界条件的影响。如果他们能够充分发挥自己的优势，一定会有高额的经济收入，因为他们对事业的执着追求是其他人无法超越的。

7. 踱方步

有这种走姿的人一般都非常稳重。他们在面对困难和挫折时，会始终保持清醒的头脑，不会因任何带有感情色彩的事物，而改变自己的判断力和分析力。

8. 多变型

这种走姿通常是双腿和双手摆动不均，步伐长短不齐，频率复杂。这种类型的人健忘、多疑、做事不负责任。

9. 吊脚型

步履轻浮，脚趾不着地，身躯飘摆。这种人圆滑、头脑冷静、虽然聪明，但不能重用。肯帮助别人，但会向对方提出高昂的条件。

双臂交叉与自我保护

任何一个人做事都不可能随心所欲，而手臂作为人体的一部分，也不能随意乱动。因为细心的人通过一个小小的动作就能从中发现一些信息。比如，平时人们是不会有双臂交叉这个动作的，但在特殊环境中，因为过分紧张和害羞，有些人会不由自主地把双臂抱在胸前，通过这个动作来控制自己的感情，潜意识中保护自己最重要的心脏部位，似乎这样就会形成一道

屏障，用来抵御迎面而来的威胁。

在美国，有研究人员曾做过这样一个有趣儿的实验：他们把前来聆听演讲的学生分成两组，要求一组学生在听演讲时，不许交叉手或脚，要坐得轻松自然；另一组学生在听演讲时要把双臂交叉抱在胸前。演讲结束后，就开始检验两组学生对演讲内容的理解、记忆以及对演讲者的评价。结果显示：坐得轻松自然的那一组比交叉双手抱在胸前的那一组的理解能力和记忆力高 38%。

这项实验表明，听众交叉双臂或双脚时，对演讲者的态度是一种敌对情绪，而且很容易忘记演讲的内容。这样就得出一个结论：任何训练中心都应该采用带扶手的椅子，使学员保持不交叉手臂的坐姿，这样他们的学习效率会更高一些。

很多人辩解说之所以习惯双臂交叉，是因为这样身体会感觉舒服一些。事实上，只要态度和姿势一致的话，身体就会感到舒服。这也就说明了假如你有负面、防卫或紧张的情绪，交叉双臂自然会令你感到舒服自在一些。

一位行为学者在一次演讲的开场白中，故意诋毁一些听众所熟悉的而且是德高望重的人，而这些人就坐在听众席上。在他出言不逊时，他立刻要求听众保持当时的姿势不动，当他指出约有 90% 的人正交叉双臂时，听众们显得很惊讶，不知道自己为什么会这样做。

一般来说，当一个人听到他不赞同的话时，总是会不自觉地交叉双臂。有很多演说家因为不懂得这个规律，从而无法顺利传达他们的信息。而一些有经验的演讲家，则会采取某些“打破僵局”的行动，以扭转听众这个排斥性的姿势，进而改变听众的态度，使双方达成共识。

在两个人面对面的交流中，如果你看到对方双手交叉的姿势，那么你很可能说了对方不赞同的话，对方即使表面同意你的观点，但你后面说的话可能已经没有什么说服力了。这些事例说明：口头语言会说谎，但肢体语言却暴露了一些人的真实思想。遇到这种情形时，你应该转变自己的思路，想办法把对方的姿势改变为接纳性的姿势。一定要记住，只要双手交叉姿势存在，负面态度就存在。态度引起姿势，而姿势则强化态度。

改变对方姿势的方法很简单，比如给对方一支笔、一本书或者一些其他的东西，他肯定会松开手臂来拿东西。一旦他的手臂放开，态度也就有了转变的可能。还有一个方法就是要求对方向前倾身注意一件展品，或者演讲者倾身向前摊开手掌，问对方：“我看得出来你有疑问，你想知道什么？”或者问：“你认为如何呢？”然后坐到椅子上，表示正在等待对方的回答，希望对方有一个坦诚的答复。

在不同的环境中，会有不同的手臂交叉姿势。比如，在一个商业社交场合中，总经理与一些素未谋面的新员工见面时，打过招呼后，总经理保持社交距离站定，双手在背后做出手掌相握的权威姿势，或是把一只手插在口袋里，很少会做出手臂交叉的姿势。相反，新员工和总经理握过手以后，他们大部分

会双手交叉站立，因为在总经理面前他们感到有点儿不安。因为双方的姿势都很恰如其分，所以场面才不会尴尬。

我们想象一下，假如总经理遇到一位年轻气盛的部门经理，而这位年轻经理也是一位优越型的人，甚至认为自己和总经理一样重要，这时他们两人相见会是一种什么样的情景呢？结果可能是，二人握过手以后，年轻经理会双臂交叉，拇指笔直朝上。拇指朝上说明很自信，而交叉的双臂则有自我防护的保护作用。这个姿势看起来很“酷”，很冷静自持。其实手臂交叉的姿势很刺眼，因为这明显是在告诉别人我在害怕。所以，有的人就采用部分手臂交叉——一只手臂横过胸前去抓住另一只手臂，这样形成一个保护栏。这是一个非常世故的姿势，常常是一些焦点人物所乐于运用的动作，比如政治家、推销员、主持人和其他一些不愿意别人看到自己紧张情绪的人。和所有手臂交叉姿势一样，一只手臂横过胸前，但是手臂并不交叉，而是去摸手提包、手镯、手表或是衬衫袖口，一旦保护栏形成，安全感也就产生了。在袖口流行链扣的时代，男士穿越舞池时，常会有调整链扣的动作，以掩饰自己的紧张。不流行链扣以后，就改成调整表带、摩擦双手、玩弄袖口扣子，或者其他可以把手放在胸前的姿势。然而这些小动作，却逃不过那些训练有素的观察者的眼睛。

当女人害怕时，她们会抓住手提袋作为保护栏，这看起来很自然，不像男人们的动作那么明显。生活中最常见的一种动作是：用双手端一杯啤酒或葡萄酒，双手扶杯，使心情紧张的人形成了一道难以觉察的手臂护栏。如果你留心观察，会发现很多人都会使用这种手臂护栏姿势。就连很多社交人士紧张时，也会出现这种动作，这就在无形中泄露了自己的秘密。

另外，还有一种紧抓上臂的姿势。这个姿势的特征是：双手手掌紧紧地抓住上臂，以至于手指因为血液循环受阻而显得有些苍白。坐在医生或牙医候诊室的病人，或第一次坐飞机等待起飞的人，常常会有这个姿势，他们表现出消极、紧张的情绪。在法庭上，原告可能使用握紧拳头的双臂交叉姿势，而被告则可能使用紧抓双臂的姿势。

九种类型人格分类说

中国有句古语："积行成习，积习成性，积性成命。"现代社会也流行着一段类似的话："播下一个行为，收获一种习惯；播下一种习惯，收获一种性格；播下一种性格，收获一种命运。"由此可见，性格决定一个人的命运。

从心理学的角度来讲，性格是指一个人对现实稳定的态度和习惯化的行为方式中表现出来的人格特征。它表现了一个人的品德，是一个人人生观、价值观和世界观的体现。这种具有道德评价含义的人格差异，就是所谓的性格差异。性格是一个人在社会环境中逐渐形成的，它能直接反映出一个人的道德风貌。

性格是一个人在长期的社会实践中形成的，同时它也受个

体生物学因素的影响。人们通常把本性和性格混为一谈，实际上，二者有着本质的区别。

性格是后天形成的，比如：腼腆、暴躁、果断、优柔寡断等。

本性是先天形成的，比如：自尊心、荣誉感和虚荣心等。另外还包括求生、懒惰和不满足等。

九种类型性格是对性格的一种分类。它不仅是一种性格分析工具，更为个人修养与自我提升以及历练提供深入的洞察力。九型性格揭示了人们内在最深层次的价值观和注意力焦点，它不受外在行为的影响。

九种类型性格具体分类如下：

第一种类型性格：理想、完美主义者：完美者、改进型、捍卫原则型、秩序大使。

第二种类型性格：古道热肠者、爱心助人者：成就他人者、博爱型、助人型、爱心大使。

第三种类型性格：成就追求者、成就至上者、成就追求者：成就者、成就型、实践型。

第四种类型性格：个人风格者、浪漫悲悯者、艺术型：浪漫者、自我型、艺术型。

第五种类型性格：博学多闻者、格物致知型：观察者、理智型、观察型。

第六种类型性格：谨慎忠诚者：寻求安全者、谨慎型、忠实型。

第七种类型性格：勇于尝新者、享乐主义者：创造可能者、享乐型、活跃型。

第八种类型性格：天生领导者：挑战者、权威型、领导。

第九种类型性格：向往和平者、和平主义者：维持和平者、和平型、保守型。

瞬间识别性格色彩

一些心理学家的研究证明：一个人对某种颜色的喜好，能反映出他的一些性格特征。一起来看喜欢这些颜色的人具有什么样的性格特征。

绿色

绿色代表大自然，它象征着和平。

绿色对一个人的神经系统具有镇静和镇痛的双重作用，在一定程度上能缓解肉体上的疼痛和精神上的紧张。所以，绿色是医学的代表色。喜欢绿色的人性格比较温驯，遇事能控制自己的情绪，情绪一般不会有大的波动，他们很少焦虑，总是对未来充满了希望和乐观，觉得世界上的一切事物都是美好的。

喜欢绿色的人交际能力很强，他们能和任何人和谐相处，但他们也不会轻易相信一个人。这种类型的人其实更喜欢在大自然中与动物和谐相处。

红色

红色容易让人联想到“火”或“血”。所以喜欢红色的人，

是精力旺盛的行动派，他们会不惜花费大量的时间和精力来满足自己的好奇心。喜欢红色的人个性坚强，积极向上，他们性格外向，感情丰富。同时，这种人攻击意识比较强，说话做事不假思索，速度很快。

喜欢红色的人，心态积极向上，对周围的人有一定的影响力。他们的缺点是缺乏耐性，遇到不如意的事情，就会发脾气，而且总是先怪罪别人。如果他们能改正这一缺点，多一些宽容和理解，就会获得更多的友谊。

蓝色

蓝色代表宁静。

喜欢蓝色的人，性格比较沉稳，他们总是表现得镇定自若。这种人善于控制自己的感情，具有强烈的责任心。他们的胸怀像大海一样宽广，大多性格比较内向。喜欢蓝色的人很有理性，他们遇到麻烦时，能够保持沉着冷静；当发生冲突时，能将矛盾悄无声息地化解掉；需要反击时，他们会用干脆利落的手段将对方制服。

这种人的缺点是：表面上看，他们人缘儿不错，其实他们不善于交际，只是和兴趣相投的朋友组成了一个小团体。喜欢蓝色的人爱好和平，不喜欢竞争，所以有时他们会表现得比较懦弱。比如，他们总是以谦虚、谨慎的态度对待比自己弱小的对手。而对于比较强势的对手，他们会放低自己的要求，甚至显得有点儿委曲求全。他们很少会将自己的真实想法表达出来。

黄色

黄色是比较活泼的颜色，它象征着希望。

喜欢黄色的人性格外向，接受新鲜事物的能力强，进取心强。喜欢黄色的人讨厌一成不变的事物，他们好奇心强，喜欢钻研。喜欢黄色的人性格独特，喜欢挑战，他们很容易成为焦点人物。这种人不会轻易动摇自己的想法，是个很值得信赖的人。

喜欢黄色的人非常自信，他们大部分学识渊博。这些人从表面看很善于交际，其实没有什么知心朋友，内心很孤独。

另外，这种类型的人总感觉自己得到的关爱很少。不过，喜欢奶油色这种淡黄色的人性格比较稳定，他们对大局的操控能力很强。

紫色

紫色显得高雅，是一种充满了神秘的色彩，许多古代帝王

也都喜欢这种颜色。

喜欢紫色的人，有很强的创新能力，在生活中他们崇尚高贵、优雅与浪漫，如果遇到喜欢的人，他们会主动追求。

喜欢紫色的人，大都有艺术细胞，在日常的生活中，他们往往十分感性，具有极其敏锐的观察力。喜欢紫色的人，大多性格内向、多愁善感，因此比较悲观。他们外表沉静，内心坚强。遇到自己喜欢的事物，会不顾一切地去追捧，一些做法常常不被他人理解。

在公共场合，这种人总是显得沉默而内向。有时他们会滥用感情，引起很多的误会。如果有人提醒他时，他会认真反省自己的错误，但又很难保证不再犯同样的错误。

棕色

棕色是大地的颜色，它代表稳定和中立。

喜欢棕色的人，向往简单、舒适、有品质、稳定的生活，这些人比较顾家。

喜欢棕色的人，性格沉稳，他们不能忍受别人急躁的脾气。这类人办事很靠得住，绝对值得信赖。

喜欢棕色的人，十分热爱生活中美好的事物。他们感情丰富，喜欢美食、美酒和交朋友。这种类型的人不太善于表达自己的感情，常常因为抑制自己的感情而生活在个人世界里。他们觉得穿棕色或泥土颜色的衣服会给自己带来安全感。喜欢棕色的人，非常渴望得到安全的情感，也希望能得到他人的认可，其实这不难做到，只要他们能正确地认识自我，并能摒弃思想上的狭隘，就会受到大家的欢迎。

粉色

粉色娇嫩，它代表了纯真、可爱和温柔。

大多数女性都比较喜欢粉色，她们比较感性，为人处世比较温和。

喜欢粉色的人，总是把自己打扮得很年轻、时尚、富有朝气。

喜欢粉色的人，通常比较内向，不喜欢和别人深层次地交流，总是把自己封闭起来。不轻易接受别人的意见，不喜欢与别人争论，常常表现得优柔寡断。

喜欢粉色的人，很容易对一些事物产生兴趣，却不愿意主动去探究，有时他们对别人比较依赖。生活中有时会出现这样一种有趣儿的现象，如果原本并不喜爱粉色的女性突然喜欢上了粉色，那么她一定是想得到某位男性的关注，因为粉色能让自己显得更加妩媚。另外，恋爱中的人会更喜欢粉色，所以有人说粉色是恋爱之色。

SEC TION

第二章

面部微表情的学问

头部是人身体最重要的一部分，在生理上的重要性不言而喻，同时它也是我们观察对方性格、思维、情绪等重要的窗口。无论是头形还是五官这些与生俱来的身体特征，还是眼神、眉毛这些与情绪有密切关系的形貌特点，都为我们对了解对象此时此刻的所思所想提供了蓝本与参照。在平时与人交谈中，只要对这些特征进行把握、总结，就能轻松地让我们变成善解人意和有思想的人。

微表情的秘密

一个人面部的表情是情绪的外露，是一个人内心活动的真实写照。透过面部表情可以窥探到他心灵的深处，是把握情绪变化的尺度、了解感情互动的根源。面部表情传递了一个人心理活动的信息。凭借面部表情，我们可以推测和判断出一个人的性格。

有些人的面部表情很明显，也非常容易读懂：眉飞色舞、笑逐颜开，表明谈话气氛很欢快；怒目而视、左顾右盼，则说明谈话的人意见不一致，产生了争执；眉头紧皱表示不满、愤怒或遭受了挫折；两眉上扬，双目圆睁，表示感到惊奇、惊讶；

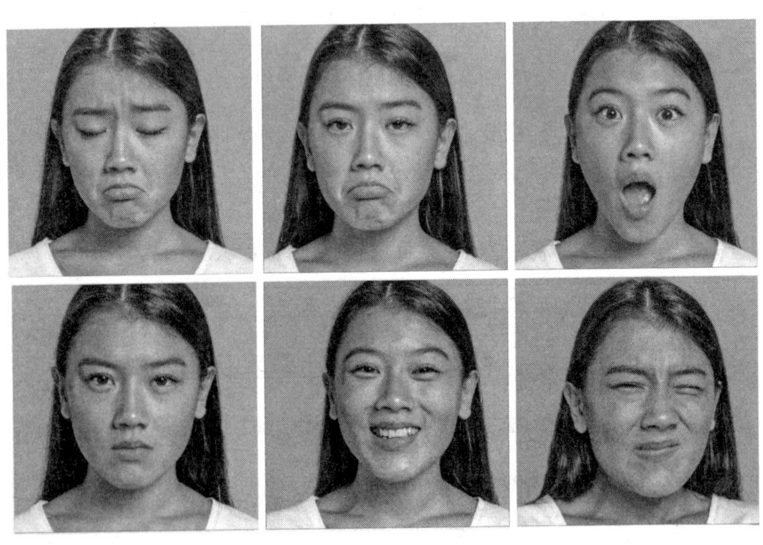

皱鼻，一般表示不高兴、不满，或是遇到了麻烦。

实际上，有些人的面部表情和他内心的情绪恰恰相反，他们不愿意让别人看出自己内心的真实想法，总是想方设法掩饰自己。比如，在谈论让他感到高兴的事情时，他的脸上会流露出欣慰的笑容。这时如果他的感受不是真实的，那么他很有可能有一种细微的表情飞快地表现在他的脸上，或者体现在他目光的游离中。像这种短暂的、一闪而过的表情就称为微表情。微表情最短时间只有 1/25 秒，虽然这个时间很短暂，但是，它会突然跳出来揭穿伪装者的真面目。

那么我们用什么办法来锻炼自己观察微表情的能力呢？

美国联邦调查局认为，停顿时间越长的面部表情越有可能是假的，比如保持 10 秒钟或 10 秒钟以上时间的表情，甚至保留 5 秒钟的表情也有可能不是真实的。除了那种强烈的情绪感受，比如欣喜若狂、勃然大怒、悲恸欲绝等，自然的表情一般不会超过 4—5 秒钟。而且，即便是非常激动的情绪，其面部表情也不可能持续太久，而是间歇地、短暂地出现。只有那种做作的或嘲弄式的表情，才可能长时间存在。而且，表情的起始时间和消逝时间的长短是没有固定标准的。如果惊讶的表情是真的，那么它的起始时间、停顿时间和消逝时间都会很短，前后可能不到 1 秒钟的时间。总之，动作“微”和消失“快”是微表情最显著的特点，我们要养成善于观察的习惯，提高自己的观察力，这样才能抓住稍纵即逝的微表情。

在社会生活的实践中，人们总结出了一些微表情的含义。比如，高兴时嘴角会翘起，面颊上抬起皱纹、眼睑收缩、眼睛周围会形成“鱼尾纹”；伤心时会眯眼、眉毛收紧、嘴角下拉、下巴抬起或收紧；害怕时嘴巴和眼睛会张开、眉毛上扬、鼻孔会张大；愤怒时眉毛下垂、前额紧皱，眼睑和嘴巴紧张；厌恶时的微表情包括嗤鼻、上嘴唇上抬、眉毛下垂、眯眼；惊讶时的微表情包括下腭下垂、嘴唇和嘴巴放松、眼睛张大、眼睑和眉毛微抬；轻蔑时的表情是嘴角一侧抬起，一副讥笑或得意的样子。

当然，上述这些微表情的含义并不是一成不变的，它会因人而异，因环境的不同而变化。所以，在生活中我们除了积累这种常规性的微表情的含义外，对于那些我们需要长期交往的朋友，还要注意积累具有他个人特征的微表情含义。只有这样，我们才能灵活运用这些微表情的含义去了解一个人的心理活动。

从头开始

头是一个人身体中最重要的组成部分，情急之下，人们都下意识地去保护自己的头。大家可以从头开始，获得对方更多的信息。

1. 正方头

这种头形的人喜欢追求自由、喜欢运动、性格活泼、精力充沛、勇于探索，尤其是喜欢野外活动。他们比较注重实

际，不太喜欢理论，所以他们常常会提出一些富有建设性的意见。

他们最大的优点是特别能吃苦，一般人难以忍受的痛苦对于他们来说是小菜一碟。不爱读书是这些人的缺点，因此他们头脑简单，思想单纯，不喜欢思考问题。他们的处世哲学是：具有实干的精神和充沛的体力，才是生存之道。

2. 长方头

一般来说，这种类型的人绝不会利用武力去解决问题。他们会凭借自己聪明的头脑来取得成功。所以这些人很适合当外交家和推销员等。

这些人的缺点是缺乏足够的勇气和行动力，他们常常只制订计划，却没有付诸行动的决心。他们有能力挣钱却不善于理财。

3. 圆形头

这种头形的人给人的印象是幽默、和蔼、可亲可敬。生活中，他们属于享受型的人群，喜欢美食、喜欢睡觉，所以他们的身体会越来越胖。身体发胖，行动起来就迟缓，所以人们觉得他们很懒惰。如果女性属于这种类型的人，倒是让人觉得很可爱。

这种类型的人比较适合从事财会、管理和行政方面的工作。

4. 三角头

这种头形的特征是：前额比较宽且高，下巴比较尖，脸型就像一个倒立的三角形。这种类型的人智商很高，喜欢思考问题，逻辑思维能力强，足智多谋，具有创新能力。他们爱好读书、绘画和音乐等。这些人不喜欢到户外活动，所以体质较弱，看起来无精打采，而且他们也不喜欢体力劳动，缺乏理智，容易意气用事。

据一些研究资料表明，思想家、发明家、文学家、评论家等大部分是这种类型的人。

5. 残月头

这种头形的人喜欢交谈，由于言多必失，所以稍不注意就会得罪人。这些人反应敏捷，但往往是三分钟的热度。他们容易冲动，爱发脾气。

6. 新月头

这种头形的人有很多优点：处事谨慎，不会盲从别人，他们头脑冷静，理智会战胜情感，一般不会做出鲁莽的事情来，办事果断，但不会冲动。无论做什么事情，这些人都会三思而后行，从来不会轻举妄动，一旦行动起来必定会有所收获。古人就曾经说过："面中凹而计谋深。"

在这些人身上也有很多缺点：思维迟钝，行动缓慢，说话吞吞吐吐，墨守陈规。他们的性格很固执，甚至有时会产生幻想，他们的想法一般没有什么创造性。

7. 平直头

这种头形的人如果鼻梁再挺直一些，那么他们将会很有智慧，成功的概率也就很大。如果鼻梁下陷，鼻孔上仰，就会显得很愚蠢。

8. **凹额头**

这类人的额头后仰，眉骨凸出，鼻梁很高，嘴唇后缩，而下巴出奇的长，很像一个典型的“C”。别看这种类型的人其貌不扬，但他们思维很敏捷，有很高的智商，为人比较谨慎。这些人很善于交际，比较有气魄，善于运用谋略。算得上是一个奇才。

这种人具有很强的组织能力及领导才能，同时有着很好的口才，常常是妙语连珠，他们具有领袖人物的特点。然而他们身上的这些优点，常常让他们表现得很专制，并且固执己见、疑虑重重，对很多用不着怀疑的事情，他们都持怀疑的态度。

独一无二的身份证——脸

一个人婴儿时期的脸庞细腻娇嫩，好像未经拿捏的黏土，不知道长大成人以后会变成什么样子。当我们走过青春、迈向成年的人生时，日常生活中的一言一行便慢慢在我们的脸上烙下印记：有些人笑纹很深，有些人嘴角下垂……一个人的脸上不但记载了他的过去，同时还会勾勒出他未来的模样。

1. 三角脸

三角形脸通常分为正三角形脸和倒三角形脸。长正三角形脸的人，比较老实本分，工作努力；而长倒三角形脸的人，则比较狡猾、鬼点子多，虽然他们行动力比较强，但往往因为没有足够的耐力而终究一事无成。整体看上去，他们宽额头、尖下巴。这些人有极强的空间透视力，这使得他们成为不动产交易方面的奇才。他们懂得如何让一栋建筑物增值，因此经常自己动手修建房屋。

2. 圆脸

脸部平滑舒展，没有突出的脸颊或额骨。在为人处世方面，他们表现得谦恭有礼，有时候他们会退避三舍，不愿意面对那些想利用他们的人。

3. 方形脸

这更像是一张运动员的脸，坚强、刚毅、做事果断。有主

见，有号召力，周围总有一些人会主动地跟随他们。他们是良师、是益友。这些人虽然算不上是最聪明的人，但他们能引导社会的主流。这类人性格刚正不阿、遇事冷静，但有时却表现得很固执，不会灵活变通。

4. 椭圆形脸

椭圆形脸庞是每个女人都喜欢的脸庞。不需要过多的修饰，这张面孔就很生动漂亮。

拥有椭圆形脸庞的人，无论是男性还是女性，都有与生俱来的优雅气质。如果男人有这样一张脸，那他一般会有艺术家的敏感和沉着冷静的个性。

这类人最吸引人的地方，是他们身上的光彩、魅力和让人舒服的笑容。他们身上的缺点是：好强、脾气急、善妒善怒。他们很懂得推销自己，又是不折不扣的强硬派。

5. 瘦长脸

这种脸也被别人戏称为“马脸”。在生活中，他们和别人相处融洽、和蔼可亲、思想成熟。他们的缺点是表现得很敏感，经常多愁善感。这些人容易自寻烦恼，所以他们很有必要多培养一些兴趣爱好或拥有一些自信，否则一旦遇到挫折，他们就会表现出悲观厌世的情绪。

6. 中字形脸

这种脸型最突出的特点是颧骨突出，呈菱形。

这种类型的人性格坚韧不拔、不屈不挠，属于“富贵不能淫、贫贱不能移、威武不能屈”的类型。但他们身上也有缺点，就是常常会怨天尤人。

有中字型脸的男人，比较热衷于掌权；女人有此面相，一般比较喜欢无拘无束的生活。

7. 大脸

有这种脸型的人处事圆滑、八面玲珑、有很好的人际关系。缺点是生活奢侈浪费、虚荣心强。他们有政治头脑，但常常因为不能抵制外界的诱惑而影响前途。

8. 小脸

这种脸型的人一般性格内向、拘谨胆小、不思进取，不敢有创新，做事犹豫不决。他们的成功大多来自一种“巧合”，常常有出乎意料的惊喜出现。

9. 蛋型脸

蛋形分为上尖形或下尖形。上尖形的人脚踏实地，勤奋肯干；而下尖形的人则完全相反，他们爱耍嘴皮子，把话说得天花乱坠，却不愿去付诸行动。

10. 水桶形脸

这种脸型就是人们常说的鹅蛋脸。额头宽，越往下越窄，下巴较小，显得浑圆。

这些人性格沉稳，头脑比较灵活，富有创新的能力，但有时表现得很自负，让人捉摸不透。

11. 肉饼脸

这种脸型看起来很特别，从正面看没有什么明显的特点，但从侧面看起来非常扁，像一面墙一样。这种人一般很长寿。

他们脾气急躁，有时显得很神经质，做起事情来虎头蛇尾，经常半途而废。

12. 王字形脸

这种脸的特点是：额头、颧骨和下巴比较突出，就像个国王，但真正能成为国王的人却很少。

这种类型的人争强好胜、自负、喜欢领导别人、容易记仇，有时候会误人误己。

13. 不规则形脸

这种脸有着各种各样的缺陷：眼斜、嘴歪、鼻歪、大小眼、高低眉……只要有其中任何一种特征，就属于这种脸型。实际上，每个人的脸多少都有点儿歪或者高低不平，但只要不是太明显，一般人是看不出来的。如果一个人的脸一眼就能看出来是歪的，就属于这种不规则的脸。

脸型不规则的人，往往他的脊柱是歪的，脚骨的长短也不同。一些研究表明，这种人的性格喜怒无常。

眼睛是心灵的窗户

通过观察一个人眼睛的动作，不仅可以发现他的喜怒哀乐，还可以了解他的脾气禀性。眼部动作也是一个人内心的真实写照，不同的眼部动作能透露出不同的心理变化，你如果细心观察一个人眼睛的动作，就会发现他很多秘密。

1. 眼睛上扬

眼睛盯着对方看时，上睫毛使劲儿往上压，几乎和下垂的尾毛合拢，这表现某种惊讶又愤怒的情绪。

另外，当一个人做错事情时，而他又善于伪装自己，于是就会有这种假装受到委屈的表情。

2. 挤眼睛

这种眼部动作就是用眼睛在向对方暗示彼此默契的一种表现，意思是：天不知、地不知，这是你知我知的秘密。也有人在搞恶作剧时挤眼睛，目的是想让自己的表演更能引起别人的兴趣。如果别人对你挤眼睛，那可能是他喜欢上了你，或者对你的印象非常好，尤其是在小孩儿身上表现得很普遍。在一些社交场合，如果两个认识的人挤眼睛，则表明他们对某种观点持有相同的看法，他们的关系比其他人更加亲近。相反，如果

有不认识的人在对你挤眼睛，那么对方就有挑逗你的意思。

两个挤眼睛的人一定是心灵相通的，这会让在场的第三个人感觉自己被轻视。所以，无论是明的还是暗的，这些举动对一些很重视礼貌的人来说，是不尊重别人的表现。

3. 眨眼睛

这个动作根据眨眼的频率可以分为多种：几个人在谈话时，如果其中一方眨眼的频率很快，就表明他在暗示你，有些事情不能当众说，因为那是你们共同的秘密。如果两个人在谈话时，对方忽然低下头，并且快速地眨着眼睛，那他肯定是哭了。此时此刻，他最需要的就是你对他的安慰。如果对方眨眼睛的幅度很大，速度又很慢，那就表明他对你说的话持一种怀疑的态度，他要睁大眼睛仔细来看，以判断自己是不是看错了。

4. 眼睛上提

如果你和别人交谈时，发现对方的眼睛会不时地做出往上提的动作，这时你说话一定要谨慎了。因为这类人城府很深，非常有心计，有时他们会为了自己的利益而故意夸大事实。

5. 眼睛下垂

这是一种对待他人不友善的动作，轻视对方、对他人很冷漠的态度。有这种动作的人性格通常都比较冷静，情绪很少有激动的时候。从本质上来说，这种人十分任性，他们的自我意识很强，对某件事情一旦做出了决定，就不会轻易改变。

6. 眼睛斜瞟

一般来说，只有女性才有这种动作，如果第一次见面，她就这样斜瞟你，这时你不要误会，而是要感到十分高兴才对。因为她这是在暗示你：“你长得很帅，我很喜欢你。但是我很害羞，不敢正面看你，所以，只好偷偷地看你了。”

7. 眼球不停地向左上方移动

当你向对方提问时，发现他的眼球不停地向左上方移动，那表明他正在努力搜索记忆中和这个问题有关的内容，希望能有更多的信息来做出回答，这种人通常是一个比较实在的人。

8. 眼球不停地向右上方移动

有这种动作的人一般很有心计。如果他正在向你汇报工作或者是在回答你的问题时出现这种动作，那就表明他正在盘算着怎样来应付你，这时他说的话十有八九是谎话。这种人一般都口是心非，对别人很虚伪。如果和这些人做朋友或是有生意上的往来，一定要多留个心眼儿，提高警惕，以防被骗。比如，当你刚刚谈成一笔生意，去那家公司收取货款时，也许老板的助理会说：“老板不在，你改天再来吧！”说话的同时，如果你发现他的眼睛不停地向右上方移动，那么这个助理很有可能在说谎。

9. 眼球骨碌碌地转动

这种人非常狡猾，而且坏心眼儿很多。如果你发现一个人的眼睛骨碌碌地看着某个人或某件东西时，说明他正在预谋着什么事情。这种人往往意志不坚定，感情不专一，经不起诱惑。对付这种人要多加小心，在他们面前说话不能口无遮拦。

10. 眼球不时向左右转动

这种人缺乏安全感，没有自信心，爱说谎，有时为了欺骗

他人，会编造出很多谎言。和这种人打交道时，一定要注意分辨他们所说的话哪句是真，哪句是假。

11. 眼球不时乱转

这种人特别有心计，如果你发现他的眼球乱转时，那就要有所防备了，因为这时他很有可能在酝酿着什么坏主意。同这种人打交道，一定不要被他的外表所蒙蔽。

12. 瞳孔变化

通常我们可以从一个人眼睛的转动方向以及速度来判断他们的心理活动，另外，我们还可以从一个人瞳孔的变化来发现一些秘密。如果你仔细观察就会发现：当一个人很高兴时，他的瞳孔会比平时扩大四—五倍；相反，当他情绪低落、内心痛苦时，他的瞳孔就会比平时小很多；如果一个人的瞳孔没有什么强烈的变化,那就说明他对生活中的事物持比较冷淡的态度。不但人的瞳孔变化有这样的规律，就连动物也不例外。比如猫，它们的瞳孔变化和情绪也有着密切的联系。所以，不管是人类还是动物，它们的瞳孔变化的确和情绪有很大的关系。在人际交往中，我们要从这些细节中来判断对方的心理变化。

眼皮透视出内心的秘密

眼皮虽然是脸部很小的一部分，但也能反映出一个人的某些心理活动，所以人们可以通过眼皮的状态来初步地了解一个人的性格。

从进化论的角度来说，上眼皮皮下脂肪厚的单眼皮，比眼皮皮下脂肪薄的双眼皮进化程度更高一些。眼皮的主要作用是保护眼睛，而单眼皮似乎更能有效地发挥这一作用。东方人单眼皮的人居多，而西方人双眼皮的多，这是东方人的优势。生活中偏偏有这样一些人，为了所谓的美，把进化程度高的单眼皮修改成落后的双眼皮。这些人在获得虚荣心的同时，并未意识到他们正在做一件买椟还珠的蠢事。

经科学家研究表明：单眼皮的人头脑比较冷静、逻辑性强、有较强的观察力、思想深刻，意志力坚强。做事比较细心、谨慎，他们虽然有耐心，但个性比较顽固。他们性格比较内向，为人处世消极、沉默寡言；而双眼皮的人感情比较丰富，并且热情开朗，有很好的顺应性和协调性，行动积极、敏捷。

从下眼皮的状态你可以发现过度疲劳的痕迹。如果把有充足睡眠和睡眠不足的人做一下对比，你就会发现：睡眠不足的人眼睑周边呈现黑色，形成黑眼圈儿。另外，如果一个人过度疲劳、淫乐无度、郁闷苦恼、疾病缠身通常也会出现这样的现象。当然，随着年龄的增长，下眼睑周围会出现皱纹、眼袋等现象。

大家经常在电视上看到的一些公众人物、一些大家闺秀、有涵养的女子以及那些浓妆艳抹的女士，你未必能从她们的脸上窥视到有关她们性格的信息，因为她们巧妙地把自己的脸伪装起来，但有时眼皮却在不经意间暴露了她们心中的

秘密。

透过眼睛看内心

观察一个人，首先就要从观察他的眼睛开始。因为眼睛是心灵的窗户，一个人内心的想法通常会从他的眼神中流露出来，这是隐藏不住的。比如，单纯天真的孩子，眼睛必然清澈明亮，而利欲熏心的人，则无法掩饰他眼中的狡猾奸诈。

在与人交流谈话时，如果对方不时地把目光投向远方，那么表示他对你的谈话内容不感兴趣或者另有所想，也许此时他正在计划另一件事情。相反，如果对方的眼神上下左右不停地

转动、表现得心神不定时，那他很可能因为内心害怕而说谎，也许他有难言之隐，或者是为了得到朋友的信任，而对事情的真相有所隐瞒。

和异性接触时，如果对方有意避开你的视线，那说明他很喜欢你；眼睛滴溜溜乱转，那说明这个人意志不坚定，容易受人引诱而见异思迁；眼光流露出不屑的人，表明他有敌视或拒绝的意思；眼神冷峻逼人，说明他对别人的不信任，常常对他人存有戒备心理；没有表情的眼神，说明这个人心里有仇恨或者不满；如果交谈时对方根本不正眼看你，那说明他对你根本不感兴趣或不原意接近你。

要想了解一个人，首先就要看透他的内心。只有这样，才能分清哪些人值得交往下去，哪些人需要远离。

要看透一个人的心，其实不难。因为再高明的人也会无意中把自己内心的情感和想法暴露出来，只不过暴露的方式、程度与普通人有所不同。

一般来说，善良纯朴的人，眼神中都流露出坦荡和安详；狭隘自私的人，眼神昏暗、狡黠；不贪恋富贵、不惧怕权势的人，眼神中透露出坚强、刚毅；见异思迁、见风使舵的人，眼神则飘忽不定……

另外，人的瞳孔大小和他的情绪有很密切的关系：当一个人情绪低落、态度消极时，瞳孔就会缩小；而当一个人兴奋、积极乐观时，瞳孔就会放大。

根据相关资料表明，一个人在极度兴奋或恐惧时，他的瞳孔

会比正常状态下扩大三倍。比如，几个人在一起打牌，如果你观察到某人的瞳孔放大了，那么他抓到的肯定是一手好牌，这时，你的牌该怎么打下去，一定要讲究技巧，千万不可莽撞出牌。

第一次见面的两个人，最先注意到的是对方的那张脸，而脸上第一个被注意的目标往往是眼睛。

眼睛是否有神，眼光是否坦荡、端正等，都反映了一个人的德行、人品、性格和态度。如果对方的眼睛滴溜溜乱转，那么你就要对他有所防备了。比如，大街上巡逻的警察如果仔细观察来来往往的行人，基本上就可以将一个人的个性看得八九不离十，尤其是那些有犯罪行为的人，他们的眼神表现出了慌张，这几乎一眼就可以让别人看出来。所以说，一个人的眼睛最能反映出他的身份。

不敢和别人正视，目光总是躲躲闪闪，这样的人缺乏信心，有很强烈的自卑感，而且性格懦弱；他们遇到陌生人，通常不会主动打招呼，即使不情愿地打声招呼，也是躲闪着别人的眼睛，这样的人一般都比较害羞，没有主见，处理问题时缺乏自信。

当然，如果是一对儿恋人，躲闪对方的目光通常表示紧张或羞涩。

眉毛中的喜怒哀乐

眉毛的作用是保护人的眼睛，但它的动作却能传递出一个人心理行为的信息。眉毛虽然算不上是人体的一个器官，但它长在人的面部，它的一举一动都代表着不同的含义。从某种意义上来说，人的七情六欲都可以从眉毛的动作上表现出来。因此，我们可以从眉毛的形态变化来判断一个人的心理活动。

了解一个人的内心，语言并不是唯一的途径，通过观察他眉毛的变化，也能大概判断出他的心理活动。因为当一个人的心情变化时，其眉毛的形状也会随之改变。美国联邦调查局初次见面就能把对方的性格估计得差不多，关键就在于他们能捕捉一些小细节。美国有一位“读脸专家”，他经过研究发现，眉毛最能表露一个人的心理。当眉毛向下靠近眼睛时，表示他对周围的人很热情，很愿意与人接近；眉毛上挑，表示这个人需要尊重，他们需要更多的时间适应现在的场合。所以，眉毛的作用不仅仅是保护眼睛，更重要的是它能传递很多人心中的秘密。

眉毛的动态大致可以分为以下几种：

1. 扬眉

当眉毛上扬时，会微微向外分开，这时两条眉毛之间的皮肤舒展，使那些短小的皱纹拉平，同时整个额头的皮肤向上挤紧，形成了水平方向的长条皱纹。扬眉通常分为双眉上扬和单眉上扬。当一个人积压在心中的郁闷得到解脱时，他就会表现得眉飞色舞。如果一个人出现眉毛上扬这个动作时，就说明此时他的心情很好、内心舒畅，有时候对方为了表示对你的亲近，

或是对你的意见表示认可时，也会出现这样的动作。当你和对方在商谈一件事情时，中途遇到了困难希望对方能给予帮助，如果这时你看到对方的眉毛扬了起来，并且表现得喜形于色，此时，你便可以说出自己的具体要求，他会很乐于帮助你的。因为他“扬眉”的动作透露出他可以帮助你走出困境。

但事情不都是一成不变的，有时一个人眉毛上扬表示他受到了惊吓或者想逃避现实。这时你就要注意了，此时他的心情一定不会太好，如果你有什么事情要和他说，最好要等到他心情平静了再说。

单眉上扬，则说明这个人对别人所说的话或者做的事感到不解，此时他正在思考之中。

2. 皱眉

发现一个人皱眉时,此时他的心情可能是:愤怒、恐惧、疑惑、希望、傲慢、无知、否定、怀疑、快乐、差异、惊奇等。

皱眉包括防护性和侵略性两种情形。防护性的皱眉是保护眼睛不受外来侵害，但仅仅是皱眉还不行，还要将眼睛下面的面颊往上挤才行，这时眼睛还要睁开注意外面的动静。这种情形通常是面临外界攻击或者突遇强光照射时产生的条件反射。侵略性的皱眉，其出发点仍然是出于防御，是担心自己侵略性的情绪会激起对方的反击，属于自卫行为。真正侵略性的眼光应该是双目圆睁、不皱眉头的。最常见的皱眉动作，通常被理解为厌烦、反感和不赞同的意思。

经常眉头紧皱的人，一般性格都很忧郁。他们很想逃离目前的境遇，却经常因为这样或那样的原因不能这样做。如果一个人在开怀大笑的同时也皱眉头，那说明这个人的心中其实是有轻微的惊恐和焦虑的，因为他眉毛的动作明显暴露了要退缩的信息。虽然他的笑容是真实的，但无论他笑的对象是什么，都会给他带来困扰。

3. 耸眉

耸眉时一般先扬起眉毛，稍停片刻，然后再下降，同时嘴角会迅速往下一撇，脸上的其他部位没有什么大的反应。耸眉表示的意思是不愉快的惊奇或者表示无可奈何。另外，当人们在谈论某件事情时，为了强调自己的看法，通常也会做出相似的动作，这主要是为了让对方赞同自己的观点。

4. 眉毛抬高

这种眉毛动作分为全部抬高或者是半抬高。眉毛全部抬高

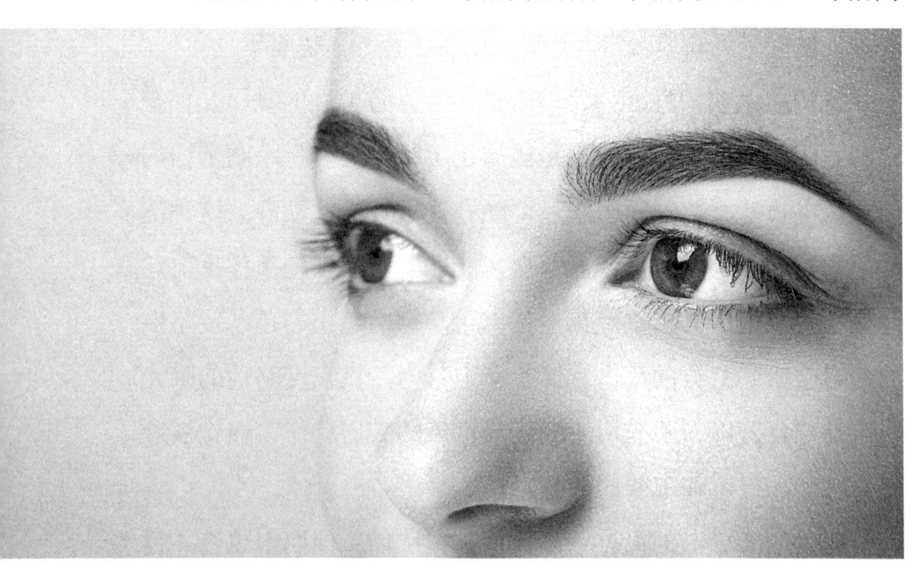

表明对某件事情完全不相信的态度。如果一个人突然遇到自己无法想象或者难以理解的事情时，也会有这种动作出现；如果遇到让人十分惊讶的事情时，眉毛就会本能地做出类似于半抬高的动作。

女性抬起眉毛的同时，眼部的轮廓也会跟着扩张，这样会使眼睛看起来更大。当然，这种大眼睛不同于男性的瞪眼睛。另外，有些女性朋友喜欢用抬高的眉毛和微闭的双眼表现出睡眼惺忪的模样，这种样子很可爱，是向异性传达爱意的一种形式。

5. 眉毛降低

这种动作也分为眉毛半降低和眉毛全部降低两种情形。当一个人对他人的某种行为表示很难理解时，通常会出现眉毛半降低的姿态。如果他的眉毛全部降低，表明他此时十分气愤，几乎到了忍无可忍的地步，这个时候千万不要去招惹他，一定要等他平静下来再说。

6. 眉毛闪动

这种动作是指眉毛先上扬，然后又突然降低，就像流星迅速划过天空一样。很多人都有这种动作，这是一种向别人表示友好的信号。

当一个人与久别重逢的好朋友相见的那一瞬间，通常会有这种反应，并同时伴随着扬头和微笑。但是在握手、亲吻或拥抱这些亲密动作的时候，是很少会有这种表现的。此外，眉毛闪动能起到加强语气的作用。如果一个人想要强调自己的某种观点时，他的眉毛不由自主地就会扬起来，然后在短时间内又迅速落下。

会说话的鼻子

鼻子也有“表情”

鼻子的动作虽然没有眼睛和眉毛的动作那样夸张，但也能表现出一个人的心理活动。

在谈话中，如果你注意到对方的鼻子微微涨大，那多半表示满意或者不满，或者情感有所抑制。如果对方的鼻头冒出汗珠儿，表明他心里很紧张或是急躁；这时如果他是谈判的一方，那么表明他有点儿急于达成协议的愿望。整个鼻子的颜色泛白，表示对方的心情一定是畏缩不前。鼻孔朝着对方，是一种不礼貌的行为，表示对对方的藐视。鼻子坚挺的人，性格比较坚强，凡是他决定的事情就一定要做到。摸着鼻子陷入沉思，表明对方正在思考办法，希望有个权宜之计能解决当前的问题。

有一位专门研究身体语言的学者，曾经专门做了一次观察“鼻语”的旅行。在车站、码头、机场，他连续观察了一周，得出了以下结论：

1. 旅途是身体语言表现最丰富的区域

因为这些来自四面八方不同地区、不同年龄、不同性别、不同性格的陌生人聚集在一起，语言交流很少，但心理活动又很多，所以大部分人的心理活动都通过身体语言表现出来。

2. 人的鼻子是活动的

通常鼻子在受到异味儿和香味儿刺激时，鼻孔会有明显的伸缩动作，反应强烈时，整个鼻子都会微微颤动，接下来就会出现“打喷嚏”的现象。其实鼻子的这些“动作”都是在向外发射信息。经观察发现，凡是高鼻梁的人，通常都有些优越感甚至表现得有点儿傲慢。这一点在影视界的女明星中表现得尤为突出。在旅途中，与这些人打交道，比起和那些低鼻梁的人来要难一些。

一位日本的整容医生根据自己多年的临床经验发现：一些性格比较内向的人，自从接受了隆鼻手术以后，在性格上往往会发生很大的变化，性格会变得倔强起来。

记得在一本小说中有一段关于鼻子动作的描写。当男主角看到一位漂亮的小姐时，他为了表现自己与众不同的吸烟法，向空中吐着烟圈儿，然后那烟圈儿便慢慢飘向那位小姐。小姐没有说话，只是伸手捂了一下鼻子。男主角便乘机问道：“你很讨厌烟味儿吗？”那位小姐没有回答他，只是继续捂着鼻子。

其实，伸手捂鼻子的动作已经很明确地表达出这位小姐对烟味儿的厌恶，那位吸烟者竟然自讨没趣儿，问了一个不该问的问题。

此外，如果某人仰着脸，用鼻孔而不是用眼睛“看”人，这其实是表达了一种反感的情绪。有些观察家把用手捏鼻子的动作归结为鼻子的语言，而不是手的身体语言。

在旅途中，如果碰到有这样身体动作的人，要尽量与其少打交道。比如，请他人帮助做某件事情时，如果对方做出用手摸鼻子的动作，或是用鼻孔对着你看，这应该是他拒绝你的表示，那么你得到他帮助的可能性就不会太大。

在社交场合中，如果和一个你不喜欢的人交谈时，你如果想尽快结束谈话，不妨多次做出用手摸鼻子的动作，或者不停地变换坐姿，还可以用手拍打周围的物体。此外，用手摸鼻子再加上身体往前倾，此时显示出来的感觉肯定会有所不同。

透过鼻形识人

鼻子作为身体的一个重要器官，具有呼吸和嗅觉的功能。但可能你还不知道，它与人的性格也有很密切的关系。你可以通过一个人的鼻形、鼻势、鼻类、鼻色等判断他的性格特征。

1.眉心鼻

这种人的鼻子直通脑门儿，鼻根几乎与眉心连在一起，给人一种一气贯通的感觉。鼻子上的肉与骨头互相映衬，含而不露，让人产生一种神清气爽的感觉。这些人的运气通常很好，古代面相学上认为这样的人面带福相，所以事业很顺利。但是他们需要注意工作方法，避免“高处不胜寒”的寂寞。

2.鹰嘴鼻

有这种鼻形的人常常给人一种奸诈的感觉。他们的鼻梁很高，就像一座山蜂。鼻尖儿仿佛老鹰的嘴一样，鼻翼短小而少肉，常常给人一种刻薄寡情的印象。

3.胡羊鼻

这种类型的鼻子鼻头很大，鼻翼丰满，给人一种富贵的感

觉。有这种鼻形的人常常挥金如土，所以他们会结交很多朋友，但是他们也有可能是坐吃山空的“败家子儿”。

4. 猛虎鼻

这种鼻子鼻尖圆而壮，鼻孔不外露，鼻梁很正，给人一种美感。一般说来，他们的性格比较成熟稳重，有权有钱，很令人羡慕。同时，他们的魄力有时会使生活出现一些小小的波折。

5. 黄牛鼻

这种鼻子鼻翼丰满，鼻孔微微上扬，鼻根儿肥大，左右的鼻线线条分明，通常这样的鼻子长在长方形脸上才会比较好看。一般这些人比较有谋略，善于动脑筋。

6. 苦胆鼻

这种鼻子好像一只悬挂的苦胆，鼻尖圆而整齐，鼻梁挺直，鼻翼一般比较小，这使得鼻子看上去并不美观。一般来说，青壮年时期是他们成家立业的最好时期，如果在这段时间他们意气风发，成家和立业会两全其美，如果错过了这人生当中的最佳时期，那他们可能就会孤苦一生。

7. 猎狗鼻

这种鼻子的中部骨峰突起，鼻孔薄而且大。这种人一般都比较有主见，他们很少听从别人的意见，而是凭自己的主观判断来做事。而这往往会把他们自己置于孤军深入的地步，所以事业上想要成功，需要他们付出巨大的代价。

8. 竹筒鼻

这种鼻子就像一节竹筒，整整齐齐，端端正正。他们鼻梁上的肉很多，摸上去软软的。一般说来，这些人办事比较稳重，其行为举止表现出了男人的干练或者女性的端庄。他们一般到中年时就事业有成。

9. 蒜头鼻

这种鼻子就像一个蒜头，鼻子短小，鼻梁扁平，鼻尖儿和鼻翼比较小。这种类型的人对人比较冷淡，年轻的时候一般不会受到重用，中年以后才有希望发展。他们没有斗志，喜欢平平淡淡的生活。

10. 威龙鼻

这种类型的鼻子就是人们常说的高鼻梁。鼻梁方方正正，不歪不斜，高高地隆起，给人一种威严的感觉，他们在人们心目中是美好和高贵的。这些人的生活也是衣食无忧，而且往往会成为某一领域的权威人物。他们的缺点是：自负与清高。

11. 狮子鼻

这种鼻子的主要特征是鼻翼丰满，这看起来有点儿不美观；鼻梁不高，却给人一种贵族的感觉。这些人通常是“白手起家”，他们通过自身的努力来获得财富。

12. 偏门鼻

这种类型的鼻子鼻根儿比较细小，鼻梁较低，鼻尖儿平缓，鼻翼又矮又小，这种鼻子看上去不美观，所以经常无端地受到别人的冷眼，做事情也通常不顺利。因此，这些人会时常感到烦恼和郁闷，建议他们经常去爬山或是去看海，来调节一下郁闷的心情。

13. 黑灶鼻

这种鼻子鼻孔很大，鼻尖儿高高地翘起，两个鼻孔就像深不可测的黑洞一样。这种鼻形不算美观，所以给人一种不好的印象。

这些人相信“一分耕耘，一分收获”，他们对工作的踏实态度，可能会让他们在事业上有所作为。

14. 猩猩鼻

这种鼻子有些像大猩猩的鼻子，鼻梁比较高，眉毛、眼睛和鼻子紧紧地挤在一起，毛发比较粗，面部比较宽，身体比较厚实。他们的性格憨厚朴实，所以常常受到单位的重用和提拔，有时候他们甚至会平步青云，但他们并不会因此而骄傲自满。

祸从口出

嘴巴是人传递语言的器官，它是人体最忙碌的一个器官，是脸部一个最富有表情的部位，它的主要功能是吃喝，另外还有表达语言、传播思想、交流情感的作用。在人际交往中，嘴巴具有其他器官无法取代的功能，心理学家经过长期的观察发现，嘴巴还有反映一个人性格特征的功能。

各种口形的秘密

口有大小之分，形状上的差别能给人以不同的感觉，不同的口形有不同的性格。

看起来比较美观的口形应该是：口阔而有棱角，不偏不正，厚而不薄，唇色红润，形如角弓，上下唇薄厚统一，唇紧闭而不露齿，位置正中，左右对称，有这样口形的人正直、忠诚、有口德，身体健康。

相反，口唇若尖而无棱，阔大无收，位置偏斜，左右不对称，唇色发黑且干枯，两角下垂，上下唇薄厚不统一，唇开露齿。

1．聪明好学的四方口

嘴的形状像一个“四”字，所以称为四方口。这种口形方方正正，嘴角平直，这种类型的人一般性格都活泼开朗。他们头脑灵活，无论做什么事情都专心致志，不管是读书还是学习，

都容易见成效。这种人因为乐观好学，所以受到很多人的喜爱；因为他们思想正派，常常得到别人的信赖和帮助，所以他们的一生很幸运。

2. 笑不绝口的仰月口

这种口形方方正正，两个嘴角自然向上，天生就是一副笑模样。这些人唇如朱丹，齿如白银，再加上那挂在脸上的笑容，所以很容易获得别人的好感。他们好奇心强，好学上进，满腹经纶，往往会出口成章，在社交场合常常是引人注目的人物。

3. 消极悲观的覆船口

这种嘴形犹如一只倒扣的船，两个嘴角下垂，下嘴唇绷得很紧，而且轮廓的边缘也不大清楚。这些人思想消极，无论做什么事情都会往坏的一面想，他们行动迟缓，是典型的悲观主义者。

看嘴唇知德行

一些社会学家通过对嘴唇的研究发现，嘴唇不仅与一个人的身体健康有关系，还与他的性格品质有密切的关系。

1. 厚嘴唇为人实在

嘴唇厚的人性格憨厚、诚实，这种类型的人心地善良。在与别人的交往中，他们总是诚恳待人、讲信用，对朋友和同事比较重感情。这些人的缺点是：缺乏主见，办事没有魄力。

2. 嘴唇大而厚性格坚强

具有这种嘴唇的人性格沉着稳重。一般来说，他们性格坚强，有很强的自尊心和争强好胜的心，做起事来不达目的誓不罢休，有一股冲劲儿和拼搏劲儿。

嘴唇厚的人为什么会给人这种感觉呢？因为嘴唇厚的人，面颊往往也会比较丰满，因此给人一种忠厚老实的感觉。他们为人和气，具有良好的人缘儿。为了保持自身的优势，他们工作起来会很扎实。

3. 薄嘴唇吹毛求疵

一个人的面相与他的道德品质总是有千丝万缕的联系。比如面相端正者一般作风也比较正派，贼眉鼠眼的人往往比较奸诈。俗话说："鼻正心也正，鼻歪心有鬼。"嘴唇的薄厚也同样遵循这一规律。在现实生活中，如果留心观察你就会发现，那些尖酸刻薄的人，天生就爱要嘴皮子，唠唠叨叨的好像把嘴唇都磨薄了。他们认为只有用滔滔不绝的语言才能打败对方，

从没有想过要与对方真诚交往。

4. 嘴唇松弛的人缺乏耐力

这种人给人的印象是松松垮垮。一般他们的身体不是很好，所以做起事来总是感到力不从心，这类人缺乏足够的体力支持，不管做什么，不一会儿就会感到筋疲力尽。

这种人做起事来手脚麻利，所以他们适合做那些风风火火的事。这些人应该注意锻炼身体增加营养，把体力和意志都提高到一个新的水平。

嘴巴的无声语言有时候远远超过了有声语言的作用，它虽然“一言不发”，但它会告诉你一切。当然，只有你对这种身体语言深刻地理解了，才能更好地去运用它。

牙齿和下巴的“情绪”

牙齿不但是人身体最重要的部分，而且在一定程度上也反映了一个人的性格特征。

比如，牙齿大的人一般有敏锐的直觉，他们善于思考，诚实热心，但不够细致认真；牙齿小的人，其思维能力和辨别能力都很强，他们冷静温驯，有较强的忍耐力；牙齿外凸的人说话直爽，心直口快，但有时会夸大其词，缺点是做事缺乏耐力；牙齿往内倾的人具有较强的创作力，策划能力强，能坚持一定的原则；牙齿整齐的人喜欢稳定的生活，做事从容，有较强的责任感，敢于面对困难；牙齿松散的人性格开朗直爽，没有心机，但有时会在无意中泄露秘密，所以和这些人说话时，要特别注意，不要把一些秘密透露给他们。

一天，我在繁华的大街上看到了这样一幕：路上车辆来来往往，喧闹嘈杂，一位瘦小的老太太站在路边，呆呆地站着不敢动弹，下巴还在不停地颤抖，我想她大概是对这种场面感到恐惧，不敢一个人过马路。这时，旁边一个小伙子上前扶住她，她才恢复了正常状态，下巴也不再颤抖了。

学过生理学的人都知道，心脏的神经末梢会一直延伸到下巴，所以人的情绪和下巴的动作都有着密切的联系。当我们感到恐惧的时候，心脏的跳动受到了影响，从而导致血液无法到达末端，此时下巴和牙齿就会出现颤抖的现象。

如果一个人的牙床大并且突出，那么他的下巴就会相对凹陷进去，这就是“凹入型下巴”。这类人的心脏律动一般都很坚实有力、稳定。

表现在性格上，他们勇敢而执着，做事深思熟虑，能够随时掌控好自己的行动。当然，下巴凸出的人也不都是性格懦弱的，虽然他们的心跳不像“凹入型下巴”那样的平稳，但他们的头脑也都反应敏捷，这类人遇事时，一般反应都比较激烈。

如果你是一位商场推销员，假如面对的顾客长着长而尖的下巴，那么千万别急于向他们推荐商品，因为这种人习惯慎重思考以后才会购买，你的热情反而会引起他的反感。如果你遇

到的顾客是短下巴，而且下巴往后倾，那就不用多费口舌，只需要将商品拿出来给他看就可以。

总之，要想真正了解一个人，就要知道他的性格、情趣以及爱好。

接收信息的耳朵

从耳朵的形状来判断一个人的性格。

1. 金耳

这种类型的耳朵轮廓比较小，颜色比脸白，耳垂明显，耳尖儿的位置超过眉毛一寸左右。这种人给人的印象是高贵，他们听力很好，是人们常说的“耳聪”之人。这类人很聪明，他们能够在事业上不断前进，取得好成绩。

2. 木耳

这种耳朵长得比较瘦薄，耳垂儿很小，有的甚至没有耳垂儿，内耳部分有时却显得很突出，耳朵总体显得有些干枯，缺乏美感，常常给人一种饱受饥饿的感觉。所以这类人常常会引起别人的怜悯之心，从而使他们成为值得信赖的朋友。

3. 水耳

这种耳朵微圆、厚实丰满，紧贴头部，耳垂比较突出，耳朵颜色红润，给人一种美的感受。这样的耳朵说明他营养丰富，身体健康。他们精力充沛，有足够的体力去做各种事情，他们当中的大多数人事业发展顺利，成功的可能性很大。

4. 火耳

这种耳朵耳轮微尖儿，内耳有些往外翻，耳垂儿不太好看，耳尖儿的位置超过了眉毛。有这种耳朵的人，鼻梁上一般都有一条横纹与它相配。根据医学研究表明，这种人的肾功能不是太好，甚至会影响到生育。因此，在孩子的终身大事上，大家一定要慎重考虑，防患于未然。

5. 土耳

这种耳朵坚厚肥大、轮廓分明、修长、色泽红润，给人的印象是鹤发童颜、生命力旺盛。事实上，这类人身心健康，无论办什么事情都会积极主动，而且成功的可能性极大，被认为是事业上的成功者。

6. 虎耳

虎耳的轮廓比较小，看起来似乎有点儿残破。如果站在他的对面，不能同时看到双耳，就会让人产生奇怪的感觉。这类人的听力不算很好，但他们的警惕性很高，所以疑心很重。对于处在领导阶层的他们来说，要注意集权，更要大胆分权。

7. 猪耳

这种耳朵的特征是：没有明显的耳郭，但耳轮很明显，并且很厚，有的向前，有的向后，有的长着大大的耳垂儿。

他们看起来像一个富翁，但实际上几乎没有什么财产。即便他们曾经拥有财富，最后也会所剩无几。所以，为了能使自己老有所养，这类人可以适当地在不动产上进行投资。

从耳朵的形态看透一个人的性格特征

1. 耳形虽然不大，但轮廓紧收，耳朵肉质厚实细致，耳尖儿高于眉毛。这类人往往是白手起家，虽然早年时比较贫困，但日后可能会大富大贵。

2. 耳朵轮廓分明，但耳肉薄削见骨。这种类型的人即使有所成就，也是名大于利，他们不适合从商，也许文学、艺术方面更利于他们的发展。如果一个人的耳相好，但鼻尖儿不丰满，那他们的一生也可能是名大于利。

3. 耳轮外翻，耳郭反露。这类人虽然精明干练，但往往不善于理财，他们常常因为意气用事，从而会让事业毁于一旦；不过，耳翻的人倒是能够富足一生。

4. 金木开花耳。这种耳朵的耳郭杂乱凸出，且耳郭反露，这类人幼小时一般家境都比较贫困，他们的一生都充满了艰辛。如果此类人已经成为老板，那他们必定是白手起家，而且工作比较踏实，他们对下属的要求会很严格，这会使他们的产品与人品相映生辉。

5. 耳朵只有上耳外轮，而没有下耳外轮。这类人通常一生事业成败无常。经研究表明，这种耳相代表上火下水不济，因此他们一生性情反复不定，注定他们一生漂泊，难有定业。

6. 耳朵虽然轮反郭露，但耳朵紧贴头部而且有耳垂。这类人虽然一生事业有成，但属大器晚成型。他们的性格属于愤世嫉俗型，常常慨叹世态炎凉，因此与这类人不容易相处。

7. 耳尖儿高过于眼眉。这种人性格耿直，有着高超的智力，早在青少年时期就会有所成就，如果其他五官再配合得恰当，那他们在商场必定会有所收获。如果耳高于眼，且其他五官配合得当的话，那么这类人会有很高的统御才能，有很好的官运财运。但如果耳朵低于眼，则为虎欺龙之相，那么这类人在青中年时期难交好运，并且身体不健康。

第三章

声入人心

在一个人的性格特征中，与外貌特征这种与生俱来的特征相比，一个人的语言则与后天的经历与心理息息相关。曹雪芹笔下的未见其人，先闻其声的“凤辣子”王熙凤，简单的一声大笑和一句“我来晚了，不曾见客！”就把王熙凤雷厉风行、杀伐决断的性格展示给读者，可见声音是通向一个人心灵的金钥匙。听一个人说话，就能粗略地断定他的心理特点。

听声调探人心

“未见其人，先闻其声”，两个素未谋面的人，光凭说话的声音就会给别人留下深刻的第一印象。有的人说话悦耳动听，有的人说话轻缓柔和，有的人说话沉着稳重。人们往往会根据声音的印象去识人。经过心理学家研究，一个人的声音确实会表现出他的性格和品行，有时它也是预测一个人前途的依据之一。

如果从一个人的脸部表情、动作、语言无法判断他的心理活动时，这时候试着从声调上去揣摩对方的情绪变化，也许是一种很有效的方法。

1. 高亢尖锐的声音

发出这种声音的女性情绪通常不太稳定，对别人的喜爱或厌恶表现得非常明显。这类人一旦执着于某一件事时，往往会顾不得其他而一意孤行。不过，有时这种人也会因为一点儿小事儿就大动干戈。这种人有时会轻易地说出与过去完全相反的话，而且经常会犯这样的错，从不引以为戒。

这种类型的人，一般比较神经质，他们对周围的环境比较敏感，比如说，换个地方或者换张床就可能睡不着觉。这种人富有创造力和想象力，而且具有不服输的性格，他们不会轻易向别人低头，这种人说起话来滔滔不绝，常常把自己的想法强加于人。对付这种人不要给予反驳，一副谦逊的态度就会使他

们感到满足。

发出这种声音的男性，个性比较狂热，容易兴奋，也容易感到疲倦。这种人常常对女性一见钟情，甚至贸然地去表白自己的心意，这往往会让对方大吃一惊。

这种类型的男性，性格的另一个特征是：从年轻时就开始发挥自己的特长，从而事业能较早地成功。

2. 温和沉稳的声音

音质柔和、声调较低的女性大多性格比较内向，她们能根据周围的情况控制自己的感情，同时也渴望自己被重视，从而表达出自己的观点。所以这类人应该尽量地满足她们的要求。这种人富有同情心，她们绝不会坐视受困者而不顾。另外，她们往往上午无精打采，而下午却变得活泼。

有这种声音的男性，乍一看上去显得比较老实，其实他们很固执，不会轻易向别人妥协，他们不会讨好别人，也绝不会受别人的指使。

作为交谈的对象，这种人刚开始会难以接触，其实他们属于忠实可靠的人。

3. 沙哑声音

女性声音沙哑者通常很有个性，即使她们外表柔弱，但内心也很强大。她们表面看似对人亲切有礼貌，却让人捉摸不透内心的真实想法。她们可能和同性意见不合，甚至遭到她们的排挤，却很受异性的欢迎。这类人对服装的品位要求很高，也往往具有音乐和绘画的才能。面对这种类型的人，要注意不能把自己的思想强加于她们。

具有这种声音的男性,往往是耐力十足又富有行动力的人,一般人不敢涉足的事情,他们也会奋力往前冲。这类人的缺点是有些自以为是,对一些小事儿容易掉以轻心。他们会凭借个人的力量在公司拓展自己的势力,会率先领头引导他人,失败会更加激起他们的斗志,继而全身心地投入战斗。具有这种声质的人有很多是政治家、文学家和评论家等。

4. 粗而沉的声音

这是一种好像从腹腔发出来的声音,声音比较沉重,具有这种声音的人不管男女,都很乐善好施、喜欢当领导。他们喜欢四处转悠而不愿待在家中,随着年龄的增长,他们的体形也有可能变得肥胖臃肿。

有这种声音的女性在同性中有良好的人缘儿,容易受到别人的信赖,她们常常为别人出谋划策,这种人是最好和别人相

处的。

具有这种声音的男性容易成为政治家和实业家。这类人感情脆弱的同时，又富有强烈的正义感，有时候争吵或毅然决然的举动会令他们后悔不已。他们有时候容易冲动地购买高价商品。这种类型的人不管男女都喜欢交朋友，他们有能力和各种类型的人打交道。

5. 娇滴滴的声音

说话声音轻声细语的人，心气往往比较浮躁，他们可能具有双重人格。这种人大部分是女性。她们之所以这样说话，往往是为了想要得到别人更多的关心和爱护，不过有时候会适得其反，反而会招人讨厌。如果是单亲家庭的孩子，则表明她们内心很期待长辈的爱护。

有极少数的男性也具有这种声音，他们多半是独生子，在家里受到家长的百般呵护，所以说话的声音轻声细语。这类男性通常独立性较差，做事优柔寡断。面对自己喜欢的女性，他们往往表现得非常含蓄，从来不会首先发动攻势，因此常常错失良机。与女性单独交谈时，他们表现得十分紧张，常常是手足无措。

听语速判断心理

人是最高级的动物，人和动物最主要的区别，就是人类有自己的语言。语言是一个复杂而完整的系统，它是声音和意义的结合体。人类的语言不是像动物那样的怒吼，也不是本能的宣泄，它是人与人之间思想交流的工具，同时也是一个人心理、感情和态度的外在表现形式。言谈中有的人语速快，有的人语速慢，我们能从语速的快慢判断出说话者的心理状态。

一个人说话语速的快慢能在一定程度上反映出他的心理健康程度。一个心理健康、感情丰富的人，能在不同的环境下表现出不同的语速。比如，在朗读一篇富有激情的散文时，他会加快语速，从而抒发出一种昂扬的激情；朗读优美的抒情散文时，他又会用一种舒缓、悠扬的语气，来表达心中的赞美之情。

我们在平时的工作、生活中，每个人都有自己独特的说话方式和语速。有的人天生就是急性子，说话就像机关枪一样，别人在一旁插不上话；有的人天生属于慢性子，说话慢慢吞吞，任凭再着急的事情，他们说起话来也还是那样不急不慢的语速。不过，大多数人的语速是介于二者之间的，属于中速。

语速是一个人在长期的社会实践中形成的一种性格特征，它是长期、客观存在的。

一般来说，语速快的人感情丰富、性格外向，并且很会说话办事，偏向于张扬的性格。

在现实生活中，你只要细心观察，就会发现一个人的语速中能透露出他丰富的心理变化。那么我们就可以根据一个人语速的快慢，来判断出他当时的心理状态。比如，一个平时说话

伶牙俐齿、口若悬河的人，当他面对某人时，说话却突然变得吞吞吐吐，这时他一定是有什么事情瞒着对方，或者自己做错了什么事情，从而表现得心虚。

当然，语速的改变并不一定都是心虚的表现。比如，一位男士暗恋上了一个女孩儿，他平时说话谈笑自如、幽默风趣，语速不快也不慢。可是，当他面对自己喜欢的人时，他立刻就变得不知所措，说起话来含糊不清，并且语无伦次。越是这样，越说明这位男士喜欢这个女孩儿。

日常生活中我们还会看到下面几种情况：一位平时说话不紧不慢的人，当别人说出的话对他不利时，如果他用比平常快的语速大声地反驳对方，那么这些话很可能是对他无端的诽谤；如果这时他说话支支吾吾、吞吞吐吐，那么对他的指责很有可能就是事实，所以他才表现得这样底气不足。一个人平时说话语速很快,或者语速一般,如果他突然放慢语速，这时他一定是在强调说话的内容，希望能引起对方的注意。

在辩论赛上，每个选手的语速都很快，他们快速而流畅地表达出自己的观点。语速快而且思路清晰的一方，在气势上就打败了对方，增强了自己的信心。相反，如果选手在面对别人伶俐的口舌和独到的见解时，表现出沉默不语或支支吾吾、笨嘴拙舌的样子，那么很可能他已经没有了信心，产生了卑怯的心理，或者是被对方击中了要害，一时间理屈词穷。陷入这样的窘迫境地，不仅影响自身优势的发挥，而且还会增长对方的士气。

综上所述，语速可以很微妙地反映出一个人说话时的心理状态。仔细观察一个人语速的变化，你就会窥视到他的内心。

语言风格中暗藏着心境

人们在开口说话时，常常会无意中把自己内心的秘密透露给别人。我们通过观察一个人说话的方式，就会发现他内心深处的情感以及对外界事物的一些看法和认识。所以，了解一个人的内心世界，就是从观察他说话的方式开始的。

很多时候，我们都习惯依靠直觉去办事，这种方法看似简单，却也很容易受人蒙蔽。只有真正懂得推理和判断，才是准确看人的有效方法。而语言最能表现一个人的品质、地位以及内心世界。语言风格中暗藏着很多信息，用心倾听一个人的谈话，会捕捉到许多真实的信息，对我们了解一个人大有帮助。

1. 讲话啰唆

有的人说起话来不分主次，或者前言不搭后语，或者偏离主题。这种人经常为一些生活琐事而斤斤计较、吹毛求疵。他们对家人不满，对领导不满，对孩子不满……在他们看来，所有的人都有很多缺点。

其实，这些人非常渴求别人对他们的权威或地位予以肯定和尊重，但是他们太缺乏自信，因此他们常常掩饰自己的真实想法。这种类型的人通常胆子都比较小，他们既不能接受别人

的意见，又不愿意去反驳别人的观点，所以说起话来含含糊糊，不能明确表达自己的观点。

可即便这样，这种人还是很容易接触的。与他们交往，应该主动找出他们不原意表明态度的原因所在，然后对症下药妥善地把问题解决好。所以，我们要主动对这种人表示出友好的态度，这样就可以获得他们的信任。其实他们之所以表达不清自己的观点，往往是因为自己有难言的苦衷。

2. **自言自语**

有的人自己和自己说话，自己和自己“交流思想感情”，生活中这种情况并不少见。对于一般人来说，这种对话常常是以静思默想的形式出现，很少有人将这些内容大声说出来，除非是在特定的情况下，比如在喝醉酒的时候，但是酒醒之后，

他们常常为自己“酒后吐真言”的行为而后悔不已。

另外，这种自言自语的行为通常在孩子身上表现得比较突出。美国联邦调查局的资料表明，因为胆怯，成年人也经常出现这种自言自语的情况。这种人通常有很多思想顾虑，怕领导、怕同事、怕这件事情没有做好，又怕那件事情处理得不恰当。他们常常会自责，所以会出现自言自语的情况。有时他们会自言自语，也是因为某些欲望难以满足，因为胆怯的性格有话又不敢明说，所以只好一个人自言自语了。

懦弱的人如果在单位中受了领导或同事的气，或者受到了批评，或者遭到了斥责，他们不敢公开反抗和顶撞，只好忍气吞声。但是这种不良情绪一时间难以平静，所以只好用这种方式发泄出来，以获得一些自我安慰。

有些人为了登台讲话反复练习时通常也会自言自语。学生在实习前的准备阶段，因为对自己缺乏信心，也经常会出现这种情况。

人们出现自言自语的原因有很多，但究其根本原因，还是对自己缺乏应有的自信。

3. 强词夺理

在现实生活中，我们经常会见到这样一种人：别人说东，他偏要说西；别人说西，他就要说东。总之，他的说法就是和别人不一样。这种人总是强词夺理，即使明明知道自己是错误的，也从来不会承认错误，而是固执地重复自己的观点，并找来各种各样的借口。和别人辩论时，他们总是要取得最后的胜

利才肯罢休。

这种人的性格大多都比较自私。他们信奉真理往往掌握在少数人手中，而他们自己就在这少数人之列。他们始终认为自己的想法是正确的，只是别人水平太低无法理解而已。所以，要想使自己的观点得到认同，不反对别人是不行的。这种人经常会这样做：即使自己的观点别人难以理解和接受，也要尽力去反驳。这种个性阴沉的人还有另一个缺点，就是以偏概全，他们常常抓住别人的缺点进行攻击。这种人头脑反应敏捷，说话尖锐刻薄，一旦抓住对方的缺点，就会马上开始攻击，不会给对方留下任何回旋的余地。

与这种人谈话时，最好不要发表肯定性的意见，否则会遭到他们强烈的反驳。即使你觉得是非常正确的说法，他们也不会表示赞同,因为他们总是认为只有自己说出的话才是正确的。因此，与这些人讲道理是行不通的，巧妙地和他们周旋才是明智的选择。与这样的人相处，最好的办法是稀里糊涂地和他们保持一致的意见，并找机会岔开话题。

4. 快言快语

有的人说话天生就语速快，像连珠炮似的。

美国联邦调查局的研究表明，语速快的人思维敏捷，性格一般都很外向。

外向型的人能说会道，他们说起话来语言流畅，声音抑扬顿挫，富有变化。这种人只要想到一个新的问题，就会很快说出来，有时还会把身体靠近对方，也不管对方是不是感兴趣，就兴高采烈地说出来。有时他们会突然打断对方的谈话，表现得眉飞色舞，很想一下子就把自己的想法塞进别人的脑袋里。即使这样，这类人的语言表达仍然是清晰和流畅的，能让别人很快地理解他们的意思。这类人即使和初次见面的人，也会面带微笑，说起话来和蔼可亲，让人感觉很亲切。这种人很善于交朋友，人缘儿很好。

另外，和别人谈话时，这种人很善于迎合对方。当对方表明自己的观点时，他们会不断地点头称是，对别人的意见表示赞同。有时他们还会闪动着眼睛，涌出满脸的微笑，这些肢体语言的运用更增强了对别人的肯定。

可能有些人会认为，心直口快的人往往比较轻率、做事莽撞。其实不然，这类人很擅长交际，人际关系处理得也很妥当。与他们交谈时，他们会主动调整自己说话的方式和交谈的话题，正是由于他们具有这种随机应变的能力，所以和他们交谈会让人感到轻松愉快。

5. 爱发牢骚

在生活中，如果我们仔细观察就会发现：说话简洁的人，性格大多开朗、豪爽，办事干练、果断，凡事说到做到，拿得起放得下，从来不会拖泥带水。这种人很有魅力，具有开拓精神，有敢为天下先的胆量。

说话拖泥带水、废话连篇的人，性格软弱，没有责任心，心胸狭窄，遇到事情就推脱逃避，整天在一些鸡毛蒜皮的小事儿上唠唠叨叨、纠缠不休。他们虽然对现实生活有很多不满，

但缺乏开拓进取的精神，不会寻求改变，止步不前，还特别容易嫉妒他人。说话习惯用方言的人，他们感情丰富又特别重感情。他们的适应能力较差，改变一个环境往往需要很长一段时间才能适应。这类人自信心比较强，有一定的魄力和胆量，事业上很容易获得成功。

说话时爱发牢骚的人，大多好逸恶劳、贪图享受。虽然他们很想改变目前的处境，但他们却不愿付诸行动，只是安于现状、坐享其成。一旦遇到困难和挫折，就会逃避退缩，把责任都归结到客观环境的影响上。他们常常对别人的期望很高，却从不严格要求自己。他们自私自利，没有宽广的胸怀，很少设身处地为别人着想，却总想得到丰厚的回报。

6. 阿谀奉承

这是一种喜欢拍马屁的人。可以从三个方面来识别出这种人阿谀奉承的性格：动作、语言、神色。也就是他们办事的方式和风格，说话时使用的言辞，面部流露的神情。这种人走路的姿势、说话时的语气，甚至连腔调也模仿得和老板一样。

这种人以领导为靠山，就像铁屑被磁铁吸引一样，在领导面前表现得唯唯诺诺、阿谀奉承。假如将这磁场一关闭，这类喜欢拍马屁的人就会像一堆没有生命的木偶一样散落一地，显得十分愚蠢可笑。

古人对此有这样的说法：与地位高的人交往时不阿谀奉承，就是领悟到了交友的最高境界。所以，对于那些溜须拍马的人，正人君子是不屑一顾的。那些善于花言巧语、察言

观色的人，被认为是不讲仁义的小人。

虽然人们都不喜欢那些阿谀奉承的人,然而在现实生活中，这种人却很多。因为那些自身难保的领导需要他们，那些事业有成的老板也需要他们来满足自己的虚荣心。

那些喜欢奉承拍马屁的人千方百计取得领导的欢心，希望有朝一日能大权在握，他们也会培养出更多的谄媚小人，这样一级一级地往下传，最后整个部门沆瀣一气，说话办事都像是一个模子刻出来的，变成一群不务正业的败家子儿，公司最终会面临破产的悲剧。

其实，有些上司还是很有智慧的，那些喜欢奉承拍马屁的人，在他们那儿得不到任何好处。阿谀奉承的人从不把心思放在实干和学习上，脑子里时时刻刻在琢磨老板在想些什么，以至于自己都不清楚自己在想些什么。在公司会议上，老板说什

么话，他们就跟着说什么，他们总是把老板的话用自己的嘴说出来。结果，这些人只会招来同事的冷眼和鄙视。

奉承拍马屁并不是敬佩和崇拜，而且在程度上也有轻重之别。许多人是在不由自主的情况下对领导唯命是从，而有些人则是有意识地这样做，他们之所以这样做，主要有以下几种原因：背靠大树好乘凉，有人当靠山比较保险，这样可以保住饭碗；有的人打算跳槽，却故意装出一副奉承领导的样子，掩盖了其真实的意图；有的人的处事原则就是待人和气，他们认为何苦要兴风作浪，不如缓和一下上下级的关系；有的人是为了个人的前途着想，和领导搞好关系有利于个人的发展。

有些人可谓是奉承拍马屁的行家，他们有一整套经过认真考虑而形成的见风使舵的本领，有处心积虑策划出来的一系列随机应变的手段。虽然，一个人不会讨得每个人的欢心，但是像这样的阿谀奉承者仍然能在一个企业里受到重用，保住他们既得的地位。

幽默中看性格

1. 善用幽默打破僵局

有些人善于运用幽默来打破僵局，这种人头脑机灵，反应迅速，随机应变能力强。因为他们出色的表现，常常成为人们关注的对象，这也正如他们所期望的那样，能引起别人的注意和认可，这种人大多具有强烈的表现欲望。

2. 用幽默来挖苦人

有些人在与别人交谈时，会用幽默的方式讽刺挖苦别人，这种人大多心胸狭窄，嫉妒心强，甚至还会做出落井下石的卑劣行径。其实，他们的内心是很自卑的，生活态度消极，常常进行自我否定。他们总喜欢嘲讽和挑剔他人，整天算计别人，自己并没有获得过真正的快乐。

3. 善于自嘲式幽默

善于自嘲式幽默，这不是一般人能够做到的，他们具有非凡的勇气，敢于自我嘲讽。这种人大多心胸比较开阔，能够听从别人的意见，而且能够进行自我批评，会时常反省自己，寻找自身的缺点和不足，并进行改正。

他们的这种气质，很容易让别人产生一种钦佩之情，所以，他们常常有良好的人际关系。

4. 用幽默的方式嘲笑、讽刺别人

从表面上看，这种人给人的第一印象是机智和风趣，对任何事物都有深入的观察和研究，能够体谅和关心别人，但其实他们的内心是很自私的，他们最在乎的人是自己。在为人处世方面，他们总是小心翼翼，凡事都要抢在别人前面。他们疾恶如仇，如果有谁伤害到他们，一定会想方设法地让对方付出代价。

5. 喜欢制造一些恶作剧

具有这种性格的人多数活泼开朗、热情大方，他们生活得

很轻松，即便有压力，也会想办法给自己减压。生活中他们表现得比较顽皮，喜欢和别人开玩笑，并能从中获得快乐，同时也把欢乐带给别人。

九种言谈看性情

俗话说：一母生九子，九子各不同。就算是从小生活在同一屋檐下的亲兄弟，也有着不同的性情、脾气。人的性情大概可以分为以下几种：

1. 夸夸其谈

这种人说起话来侃侃而谈，宽广深远却又粗枝大叶，不太注重细节，一些琐碎小事儿从不放在心上。他们的优点是考虑问题比较长远，善于从宏观、整体上把握事物，在侃侃而谈中，往往会产生奇思妙想，并富有创新精神和一定的启发性；缺点是理论缺乏条理性和系统性，论述问题不能细致入微，由于不拘小节可能会错过一些重要的细节，为以后的灾祸埋下隐患。这种人不太谦虚，虽然知识、阅历和经验都很丰富，但都不深厚，属于博而不精的一类人。

2. 义正言直

这种人义正言直、不屈不挠、公正无私、是非分明、原则性强、立场坚定。他们的缺点是处理问题时不善于变通，因此显得有些固执。这类人能主持公道，往往很受人尊敬，不苟言笑的样子，让人有几分敬畏。

3. 抓住弱点攻击对方

这种人说话比较尖刻，发现对方的弱点就会猛烈攻击，丝毫不给对方留面子。他们对问题分析得比较透彻，看问题往往会一针见血。由于把主要精力放在寻找、攻击对方的弱点上，所以就忽略了从总体、宏观上把握问题的实质与关键，甚至舍本逐末，陷入偏执的死胡同中不能自拔。在选用这些人时，如果他的大局观良好，那就是难得的粗中有细的优秀人才，应该予以重用。

4. 语速快，口才较好

这种人接受新鲜事物的能力强，脑子反应也很快。他们知识丰富，所以言辞激烈而尖锐。这种人对人情世故理解得十分透彻，但因为人情方面的复杂性，又可能形成条理模糊混沌的思想。他们做事很踏实，不会好高骛远，他们会把自己力所能及的事情做好，这一点完全可以对他们放心，可一旦超出他们的能力范围，他们就表现得很慌张和无所适从。

5. 似乎什么都懂

这种人知识面很宽，随意漫谈就能旁征博引，各门各类都能指点一二，显得他们的学问高深。这类人的缺点是脑子里装的东西太多，条理性差，逻辑思维能力不强，术业无专攻，面对问题时，往往抓不住要害。他们做事时一般能想出好几个主意，但都不能击中要害。如果这种人能增强分析问题的深刻性，做到博杂而精深，把握事情的本质所在，他们就会成为优秀的、

博而精的人才。

6. 满口的新名词、新理论

这类人接受新鲜事物的能力很强，遇到新鲜的言辞就能在日常生活中运用，并且有跃跃欲试、不吐不快的冲动。他们的缺点是没有主见，面对困难时，不能独立解决问题，性格软弱，容易反复不定，左右徘徊。如果他们能静下心来认真研究问题，锻炼自己的意志，一定会成为业务上的高手。

7. 说话平缓

这种人的优点是为人宽厚仁慈。缺点是头脑反应不够敏捷、果断，不会灵活变通，属于细心思考型人才，他们恪守传统、思想比较保守。如果他们能加强果断勇敢之气，对新生事物保持公正而非排斥的态度，就会变得从容平和，从而具有长者的风范。

8. 讲话温柔

这种人的优点是善良温和，不争强好胜，淡泊名利，与世无争，不轻易得罪人。缺点是性格软弱，胆小怕事儿，缺乏足够的勇气，对人和事采取逃避的态度。如果他们能磨炼自己的意志，知难而进，勇敢果断而不是犹豫退缩，就会成为一个外表宽厚、内心刚强的完美人物。

9. 喜欢标新立异

这种人很善于独立思考，好奇心强，敢于向权威挑战，勇于向传统说“不”，具有很强的开拓性。缺点是易于偏激，缺乏冷静的思考，常常被人误解，缺乏志同道合的朋友。不过，有时可以利用他们异想天开的奇思妙想，做一些具有开创性的事情。

通过话题观察对方

语言是一个人感情的表达，是其思想外化的直接表现形式。大部分情况下，人们就是借助于语言的力量，把自己的心理活动表现出来的。

1. 有些人在和别人谈话时，总是以自我为中心，谈论的话题是围绕自己的家庭或职业等事情，这是一种自我意识的倾向。

2. 有些人非常喜欢探听别人的隐私，总是要刻意弄清楚对

方的缺点，他们企图进一步来掌握对方。

3. 有些人对于他人的传闻或消息很感兴趣，这种人很难获得真正的友谊，所以他们的内心时常会感到孤独。

4. 有些人经常抱怨自己的工资待遇低，其实这只是借口而已，他们内心的真实想法是对自己的工作不满意。

5. 有些人经常指责自己领导的过错或无能，事实上，是他自己想出人头地。

6. 有些人借着开玩笑常常指桑骂槐、破口大骂，他们这是有意将积压在心中的不满趁机爆发出来的一种做法。

7. 有些领导喜欢在年轻人或下属面前吹嘘自己，这是他们不能适应当前职位，或者赶不上时代潮流的表现。

8. 有的人完全不顾别人的谈话内容，而是一厢情愿地扯出与正在谈论的话题毫不相干的话题，这种人具有强烈的支配欲与自我表现欲。

9. 有的人滔滔不绝地谈论会场的话题，别人在一旁插不上话，这表示他不喜欢在别人的掌控之下。

10. 有的人不断改变话题的内容或是把话题扯得很离谱儿，这说明他的思想不够集中，逻辑思维能力较差。

11. 有的人不愿意提出自己的话题，反而努力地讨论对方的话题，这种人具有宽容的精神，常常设身处地为别人着想，为人处世有大家风范。

说话时的动作泄露秘密

笑不仅有声还有形

每一个人生来都会笑，并且每天都在笑，但是，你知道吗？一个人笑的方式与其性格有着一定的联系。

1. 捧腹大笑

捧腹大笑的人大多心胸开阔。当别人取得成就时，他们不会嫉妒，会为对方送上最真挚的祝福，在别人犯了错儿以后，他们也会给予最大限度的宽容和理解。他们说话幽默，总能给周围的人带来快乐，同时还富有爱心和同情心，总是尽自己最大的努力给予别人帮助。

2. 经常悄悄微笑

这种人性格比较内向、害羞，他们的优点就是：心思缜密，头脑冷静，无论什么时候都能让自己跳出所在的圈子，作为一个旁观者来冷静看待事情的发生和进展情况，这样更有利于自己做出各种决定。另外，他们很善于伪装自己，不会轻易将自己内心真实的想法告诉给别人。

3. 狂声大笑

这些人平时表现得沉默少语，甚至看上去有些木讷，可一旦笑起来就不可收拾，甚至是放声狂笑，直到连站都站不稳。这样的人最适合交朋友，虽然刚开始接触时，他们表现得不够热情和亲切，甚至让人觉得难以接近，但一旦确立了朋友关系，

他们就十分注重友情，甚至在某些时候，能够为朋友做出牺牲。正因为这一点，所以有很多人都乐于和他们交往，在社会上他们有良好的人际关系。

4. 笑得全身打晃儿

这种人笑起来身体的动作幅度非常大，全身都在打晃儿，这样的人性格大多直率而真诚。和这样的人做朋友是你明智的选择，因为当朋友有了缺点和错误以后，他们往往会直言不讳地指出来，不会因为怕得罪人而视而不见。他们很大方，在自己的能力范围内，对他人的需求总是会尽量满足。当他们遇到困难时，也会得到别人的关心和帮助。他们有很好的人缘儿，大家都很喜欢他们。

5. 小心翼翼偷笑

这种人的性格一般比较内向，思想传统、保守。他们与人交往时，表现得有些腼腆。对别人的要求很高，如果达不到自己的期望值，他们就会很失落。不过，他们和朋友却是能够患难与共的。

6. 看到别人笑，自己也会笑起来

这种人性格开朗，对待生活的态度是乐观和积极的。他们富有同情心，情绪变化比较明显。

7. 笑的时候用双手遮住嘴巴

习惯有这种动作的人，他们的性格大多比较内向，是一个很害羞的人，而且比较温柔。他们一般不会轻易向别人展露出自己内心的真实想法，即使是自己的亲朋好友他们也不会。

8. 开怀大笑

这种类型的人大多是坦率、真诚而又热情的。他们是典型的行动派，一旦决定做一件事情，就会马上付诸行动，非常果断和迅速，绝不会拖泥带水。这种人表面上虽然看起来很坚强，但他们的内心有时候是非常脆弱的。

9. 笑起来断断续续

这种笑声听起来很不舒服，他们的性情大多是比较冷漠和孤独的。这种人是比较功利的现实主义派，他们自己不会轻易付出什么。他们具有很敏锐的观察力，能猜透别人的心思，然后投其所好，见机行事。

10. 笑出眼泪

有的人大笑时会流出眼泪,这是由于笑的幅度太大导致的。经常出现这种情况的人，他们的感情世界很丰富，具有爱心和同情心，有着积极乐观、健康向上的生活态度。他们有一定的进取心和取胜的欲望，喜欢帮助别人，即使牺牲一些自身的利益，也从来不求回报。

说话时不停地点头和摇头

有的人在别人说话时，会不停地点头，貌似是明白、认同他人的看法。其实，这种人处事轻率、大意，他们承诺的事情却往往做不到。一方面是因为他们做事不认真，另一方面也表现出他们做事有很强的被动性。其实他也很想把事情做好，但不敢否定对方，事后又觉得那种做事的方式很不适合自己，所以也就没有什么好的结局。

有一种人说话时不断地摇头，明显表现出对别人的不尊重，这种人可以说是心高气傲，高估了自己，轻视了别人。如果你遇到了这样的对手，就不要抱什么希望了，除非你比他更加骄傲。这类人如果有一天遭受了挫折,很容易一蹶不振，因为遭受重创以后，他整个人都是消极和悲观的。

交谈时不断摸头发

如果与你交谈的人会不时地摸一下他的头发，这看似是让你对他的发型感兴趣，其实不然，因为这种人即便是一个人独自在家看电视，也会每隔几分钟就会“检查”一下他的头发上是否沾了什么东西。

这些人性格鲜明，他们爱憎分明、疾恶如仇。假如公共汽车上发现有小偷儿，而乘客大部分是这种人的话，那这个小偷儿一定会被他们打个半死。这类人喜欢思考，做事细致。缺点是缺乏对家庭的责任感。

这种人很享受追求事业的过程，而并不太在乎事情的结局会怎样。如果做某件事情失败了，他总是会说："我问心无愧，因为我努力了。"

一边儿说话，一边儿打手势

这种人说话时，只要嘴动，手也会跟着动，比如摊开双手、摆动手、拍打手掌心等，好像是在强调自己说话的内容。这种人大部分性格外向，他们做事果断、自信心强，在任何场合都喜欢把自己塑造成一个领导人物，具有男子汉的气派。这类人演讲时，很会抓住人们的心理，语言铿锵有力，让人信服。他们与异性在一起时表现得尤其兴奋，总是扮演着"护花使者"的身份。

这种人对朋友很真诚，但他们从不轻易把别人当成自己的知己。在工作上他们踏实肯干，这往往会让他们小有成就。

说话时紧盯着对方

有些人在与别人谈话时会目不转睛地盯着别人。在公共场合，他们也常常盯住一个人不放，但这并不说明他喜欢上了这个人。

这种人有很强的支配欲望，而实际上他们确实有某种优势，所以只要有机会，他们就会向别人展示自己。就算没有天时地

利，他们也一定要占到“人和”。有时候他们看起来像个花花公子。这些人的优点是：一旦选定了人生目标，他们就一定会去努力实现。

这种人不喜欢被束缚，所以经常我行我素。另外，他们比较慷慨，因此他们周围有很多朋友，当然，这其中有真心朋友，也有酒肉朋友。

说话习惯透露心灵的秘密

常说错话

有的时候，你无意中说出的一些话，连自己也会感到莫名其妙。心理学家弗洛伊德认为，其实一个人说错、听错或者写错的行为，通常流露出了他内心的真实想法。

一般情况下，说错话的人都会说自己是“不小心”“不是故意的”，但事实上，那些不小心说出的话，才是他们真实的想法。在日常生活中，这样的人比比皆是。

那些经常说错话的人是表里不一的人，他们习惯性地把自己隐藏起来。而且，他们在不断地暗示自己不要把这些话讲出来。

“这件事绝不能告诉别人”“这事一定要小心”，有时候，你越是这样想，就越容易将它说出来。相信很多人在生活中都遇到过类似的情形。

事实上，越是被禁止的东西，越是压抑自己，反而越容易暴露出来。

总之，隐藏在心中的事情，当你越想隐瞒、掩盖它时，就越容易说错话或做错事，无意之中就会暴露内心的秘密。

得理不饶人

生活中有些人总是习惯和别人辩论，他们常常表现得气势凌人、得理不饶人，总想把别人一棍子打死，永远不能翻身。这种人自以为真理掌握在自己手里，只要对方偃旗息鼓，他们就胜利了。他们和别人说话不多久就会发生争执，争论是他们与别人谈话的主要方式。

从本质上来看，其实这种人内心很脆弱。他们把很多时间都浪费在无聊的辩论上，哪里还有时间去做更有意义的事情呢？和别人争论胜利了，只是获得一时的快感，其实什么也没有得到。这类人表里不一，容易冲动，很难准确地判断出事物的发展方向，所以即便他们工作起来很踏实，不怕困难、艰苦奋斗，却很难取得成功。归根结底，原因在于他们容易和别人发生争执，人际关系恶化，树敌很多，所以事业很难成功。其实他们的内心充满了恐惧和孤寂，为了掩饰自己的懦弱，所以常常用高声来虚张声势。

从聊天儿场合看人

1. 喜欢在饭店大厅里谈正事

这种类型的人智慧超群，他们很有胆量，不在意别人窃听到自己的隐私，即使别人威胁到了自己，他们也有十足的把握去解决问题。

2. 喜欢在茶艺馆里聊天儿

这种人通常都极为谨慎，他们认为茶艺馆中的人都是平庸之人，完全在自己的掌控之中，即使别人听到了什么也奈何不了自己。这种人做事一般都小心翼翼，茶艺馆里人员复杂，可以掩饰自己的真实身份。我们经常在电视剧里看到这样的情节，无论是地下党还是毒贩子，都喜欢选在茶艺馆中联络和碰头。

3. 喜欢在俱乐部或酒吧谈事情

这种人大多数沽名钓誉，他们认为这种场合能够满足对方很多欲望，而且以休闲和娱乐为目的听起来名正言顺。同时，这样做也能提高自己的地位和影响，有利于实现自己的目标。

4. 相约在办公室里谈事情

能约在办公室谈事情，说明这种人很有诚意，因为办公室就是谈工作的地方，没有其他的人或事情会影响到谈话的内容和气氛，自己可以和对方进行最有效的谈话。这些人对工作充满了信心，因为工作可以帮助他们解决很多问题，所以办公室是他们值得信赖的地方。

5. 喜欢在被窝儿中聊天儿

在被窝儿中聊天儿，说明这些人关系很亲密，到了无话不谈的地步。这些人对外界的适应能力很差，而且具有胆小怕事的软弱性格。在生活和工作中，他们感到自己很压抑，为了发泄心中的不满，而且又不被别人觉察，所以他们选择在被窝儿中向亲朋好友诉说心中的苦闷。这类人很善于伪装自己，表面上看不出他们有什么喜好。

6. 喜欢在宽敞的场所聊天儿

这种人大多心胸宽阔、乐观直爽，但他们性格中也有软弱的一面。这种人以男性居多，他们一般目光长远、有远大的理想，能够做到居安思危，给人沉着稳重的感觉；他们也善于掩饰自己内心的真实感受，有时就连他们的亲朋好友都无法理解他们。

第四章

无意识动作暴露内心情绪

人虽然是理性的动物，却不能完全控制住自己的下意识动作。一般来说，一个人有意识的动作，多出自表演、自我炫耀的目的；与之相反，无意识的动作却是发自自然、出自天性的。正因为如此，通过一个人某些无意识的动作，可以知晓他内心很多真实的想法或情绪状态。

咀嚼和吞咽动作，代表在寻求安慰

心理学家弗洛伊德认为，0—2岁的婴儿处于口唇期，在这一时期，获取快乐的主要来源就是口唇，很多婴儿通过口唇的吸吮、咀嚼和吞咽，让需求得到满足，然后建立信任和乐观的人格特征。事实上，即便成年以后，人们依旧会通过咀嚼和吞咽的方式来寻求安慰。下面我们来看看几个传达信息的咀嚼和吞咽动作。

1. 磨牙

身体语言专家发现，当人一旦遇到难题时，往往会做出磨牙的动作。具体来说，就是张开嘴，摩擦上下牙齿。在做磨牙这个动作的时候，在心理上人就会潜意识地认为，自己是强势的捕食者，自己在撕咬猎物，然后让心中的紧张情绪得到缓解。

与磨牙动作相似的是，当一个人正嚼着口香糖，突然他咀嚼的力度加大了，或许是因为他受到了莫名的打击，所以需要通过加大咀嚼力度的方式来得到自我安慰。

2. 咬牙

在电视剧中，我们时常会看到男主角一个脸部的特写，这是为了表现他俊朗的脸庞，此时男主角脸部两侧往往是咀嚼肌收缩绷紧、轮廓清晰。当人面临危险和受到压力时，咬牙动作就会成为经典动作时常出现。

3. 吃东西

因为有东西吃就表示着自己可以生存，不会挨饿，所以我们的大脑对吃东西这一动作有着非同寻常的好感。因而可知，吃东西是一件会让人感到幸福的事情。因此，当我们心情不好时，吃一顿大餐能有效地改善心情。

不论是电影版《杜拉拉升职记》，还是电视剧版的，除了浪漫的爱情故事和目不暇接的时装，杜拉拉吃东西的样子也给人留下了深刻的印象。不管是徐静蕾版杜拉拉吃巧克力，还是王珞丹版杜拉拉吃寿司，虽然她们当时的样子都不是那么淑女。但当杜拉拉感觉劳累、痛苦、伤心或是压力大的时候，她总是大吃大喝，每次都把嘴撑得满满的，吃得很舒服很高兴，还自嘲说，购物和吃是缓解压力的有效方法，但是自己只能选择吃，因为没有钱。电影《瘦身男女》也是一样，电影中男女主角都是通过吃东西来慰藉内心的不安。

4. 咬指甲等吮吸动作

年龄比较小的孩子经常咬指甲，这个动作在小时候往往是无意识的，但伴随着年龄的增长，咬手指就会有一定的含义。当一个成年人在咬指甲的时候，证明他此时感到很不安或者正承受着巨大的压力。

因为在人的潜意识里，最有安全感的事儿就是吮吸妈妈的乳汁。所以当一个人下意识地去咬指甲时，他或许是渴望获得婴幼儿时期吮吸妈妈乳汁的安全感。很多孩子在没成年之前大多会用手指或衣领来充当妈妈的乳头，当成年之后，替代品就又会换成了口香糖、香烟等。在恐慌或者不安的状态下，最容易做出吮吸的动作。因此，许多人为了缓解自己的不安而在不经意间会咬指甲。

下意识捂嘴摸鼻，代表内心不安与焦虑

最普通的说谎动作就是常常用手摸自己的鼻头或手指时不时地轻触嘴唇。如果他用手捂住嘴巴然后再说话，那往往表示他说出的话连他自己都不相信是实话。说谎者的手部动作有一定的遮掩作用，这是在潜意识里试图隐瞒事实。

美国前总统尼克松被迫下台之前，议会调查了“水门事

件”，当时他正在接受国会审问。在审问期间，人们惊叹地注意到，他时常会做出一个动作——频繁地用手触摸自己的脸颊和下巴。

在交谈时，常常双手掩面或摸脸，就暗示着“我不想谈论这个话题”“我不想听你说这些话”，由于心里隐藏着不可告人的秘密，所以会感到异常烦躁，从而频繁地用手接触脸部。典型的说谎标志有两种，就是用手捂嘴和触摸鼻子。

1. 用手捂嘴

这个动作是不成熟、略带孩子气的，很多小孩儿都会用这种姿势，当然，偶尔一些成年人也会用这种姿势。通常用这种手势的人会在自己说完谎话后，为了让大脑命令嘴不要再说谎话，便会迅速用手捂住嘴，同时用拇指顶住下巴。有的时候，一些人在做这个姿势的时候，只用几根儿手指捂住嘴，或者把手握成拳头的形状，放在嘴上，但这其中的基本意义是一样的。还有一些人为分散别人对自己的注意力，就会假装咳嗽来掩饰他捂嘴的动作。

2. 触摸鼻子

触摸鼻子和用手捂嘴是一脉相承的，与用手捂嘴相比，它更隐匿。它有的时候或许是轻轻地抚摸几下鼻子，或许是迅速地、不易被发现地摸一下鼻子。正常来讲，女性在做这一姿势的时候，她的动作幅度要比男性更加轻柔、谨慎，这或许是为了不弄花自己的妆容吧！触摸鼻子的原因有两种较为流行的说法。一种是，当人的大脑进入负面的思想后，在大脑潜意识的指示下，手就会很快地去捂住嘴，可是，往往在最后的时候，又会觉得这动作太过明显，所以手会快速地离开脸部，然后在鼻子上轻轻摸一下。另一种是，一旦一个人说谎了，那么，他的身体就会释放出一种会使鼻子内部组织发生膨胀的“儿茶酚胺”化学物质。正在此时，撒谎者的心理压力就会骤然增加，血压也会快速升高，因此鼻子在血压上升的同时也会增大，也就造成了所谓的“匹诺曹的大鼻子效应”。因为上升的血压使得鼻子开始膨胀，就会让鼻子的神经末梢感到微弱的刺痛。为了给鼻子“止痒”，说谎者就会身不由己地用手迅速触摸鼻子。另外，如果一个人感到紧张、焦虑，或是生气的时候，也会发生这种情况。

看到这里，或许有的读者朋友会有疑问，在现实生活中如果鼻子真正发痒，那该怎么区分两者呢？其实很容易，如果一个人鼻子真正发痒的时候，他常常会用手揉鼻子或是用手挠来止痒，而这与说谎时不同，说谎时他会用手轻微、迅速地摸一下鼻子。和用手捂嘴的姿势相同，说话的人为隐瞒他的谎言会用手触摸鼻子，当听话者对说话者产生怀疑时也会用手触摸鼻子。

值得关注的是，用手不时地接触口鼻尽管是一个人说谎时常用到的姿势，但这并不能说明在做出这些动作时，他一定是在撒谎。例如，有人说话时，因为他有口臭，所以会捂住自己的嘴，倘若我们仅仅根据一个动作就认为他在撒谎，肯定会歪

曲事实。还有，当一个人在沉思的时候做出以上的动作，基本上只是表明他完全沉迷于自己的思考中。

无意识表情，代表内心真实情绪

“一个人，他心里的每一个活动都表现在他的脸上，刻画得非常清晰和明显。”这是狄德罗曾经说过的话，他告诉了我们人类表情的重要性。因为在现实中，人们的表情往往会比语言的表达更加丰富和深刻。

作家托尔斯泰曾经描写过 97 种不同的笑容和 85 种不同的眼神。人类的面部能表达如愉快、冷漠、惊奇、诱惑、恐惧、愤怒、悲伤、厌恶、轻蔑、迷惑不解、刚毅果断等丰富的信息，可以说，它是最富表现力的部位。而与其他媒介相比，面部表情能够传达更精准的情感信息。所以，通过表情能够清楚、直观地反映人们内心的想法。我们仔细观察一个人的表情，就能知道他的心理活动。

专家认为，人的表情大概有 25 万种，是极其丰富的。因此，表情能够全面地展现人们的情绪就不足为奇了。但面对这么多的表情，我们应该如何去辨别它们呢？

1. 表情变化的时间

辨别情绪可以通过观察表情变化的时间来判断。每个表情都有起始时间，一般表情的起始时间和消失时间很难找到固定的标准，比如，不到一秒钟就可以完成一个真实的吃惊的表情。因此，判断一个表情持续的时间更为容易。因为一般的自然表情会有一定的时间，甚至有的能持续四五秒钟。但是，如果表情停顿的时间太长，那就可能是假的。除非是想表达强烈感情的表情，正常十秒钟以上的表情，就有可能是虚假的表情了，因为人类的面部神经非常发达，即便是情绪异常激动，也很难持续很久。所以，要判断一个人的情绪真假，只需要人们持续地细心观察，就能从微小的表情中发现踪迹。

2. 面部颜色的变化

随着内心的转变，人的面部颜色也会发生变化，所以，通过观察一个人面部颜色的变化，就能了解他的内心发生了怎样的改变。面部肤色的变化，主观意识是很难抑制和掩饰的，因为它是由神经系统自动控制的。在生活中，变红或者变白是面部颜色较为常见的变化。一般来说，人在说话的时候，如果脸色变红，大多是由于一些事令他们感到了羞愧、害羞、尴尬。有时在异常愤怒的时候，人的面颊颜色会立马变成红色。而在痛苦、压抑、惊骇、恐惧等状况下，人的面色会发白。

总而言之，人的表情变化大多是一个晴雨表，它能反映人的内心世界。因此，我们可以依据这个思路去探知他人的内心秘密。

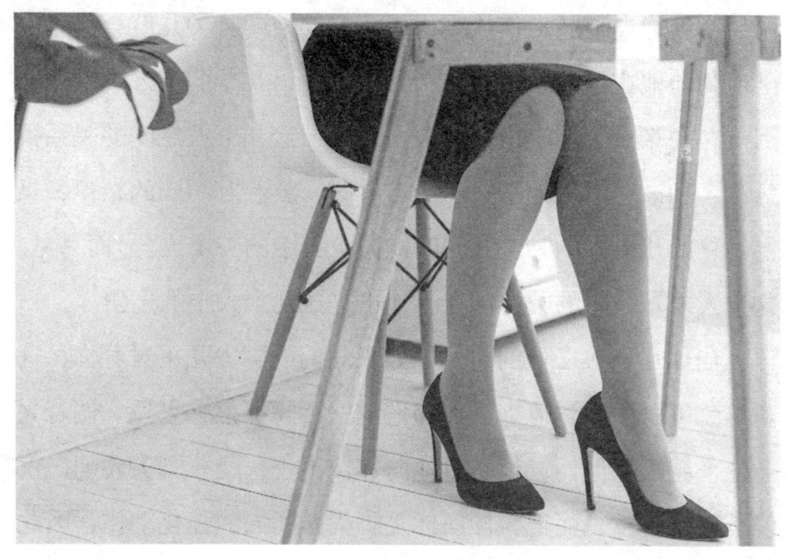

把腿伸向你，代表向你示好

脚在地上的摆放位置看似仅仅是一种正常的习惯，没有更深层的含义，脚尖儿的朝向问题也就不值得深思。因此当我们在阅读身体语言的时候，就会把脚尖儿的指向忽略不计了。事实上，人类的下肢也会随着上身在自身潜意识的作用下发生偏移和移动。

当我们研究身体语言的时候，大多会着重关注手势等上肢动作。而实际上，下肢动作基本上不会撒谎，下肢动作更能将人的内心反映出来。很多人在刻意控制了自己的上肢动作后，往往会忽视自己的下肢动作，所以内心最真实的想法就能够轻而易举地通过下肢动作流露出来，例如他的脚尖儿就会身不由己地朝向他在乎的事物。举个例子来说，几个朋友来到餐馆，围坐在一张桌子上吃饭。从表面看来，这几个人之间的关系很融洽、和谐。但当你从桌子下方看时，就会有不同的结论：桌上另外的几个人的脚尖儿同时朝向了其中的一个人。显而易见，这个人才是大家的关注所在，他也是这几个人中的主角。

当你在和人交谈的时候，如果他们的脚尖儿正对着你，这基本就可以说明，他们对你和你说的话题都很感兴趣。倘若兴趣越来越大，他们会很自然地向你伸出一条腿。脚尖儿朝向仅仅是表露心意，而把腿伸向你是脚尖儿朝向的强化动作，因此将腿伸向你是明确向你示好的意思。当你和对方交谈时，一旦他们对你或是对谈话内容感兴趣，他们就会把脚伸向你或把脚尖儿朝向你。相反，如果他们没兴趣，他们就会把脚尖儿伸向别处，收回自己的脚。假如你们是坐着交谈的，那么这种行为会更加明显。倘若他们不想发表言论，也不想回复你的意见时，他们就会把脚收回，有时甚至会表现出一副封闭式的姿势，也就是交扣着脚踝并放到椅子下面。

另外，倘若细心观察就会发现，人在走路的时候，因脚尖儿的朝向不一样会造成走路“外八字”和“内八字”。去除生理缺陷等原因，这些行走中的脚尖儿朝向可以或多或少地把他们的性格反映出来。

如果一个人习惯脚尖儿往外偏的幅度很大，也就是走路用“外八字”的姿势，说明他会关注一些可有可无的小事儿。他

有很强的好奇心，他甚至会为了知道更多的信息，选择绕道而行。这样的人比较容易接纳新的事物，容易打开心扉。因此，当你和他谈话时，他会很容易对你产生兴趣。

相反，“内八字”就是脚尖儿朝向里，这会让人感觉你可以随时刹车。一个人如果用“内八字”的姿势走路，说明他时常优柔寡断，做事谨小慎微。如果再加上他封闭性的上身姿势，那他内向、拘谨的性格就更加显而易见了。尽管他总是一副老实诚恳的样子，但在诚恳的外表下，并不平静。他会时常关注一些生活中的细节，喜欢事事循规蹈矩，一旦有突发事件就会乱了阵脚，然后束手无策。如果他成为所有人关注的主角，他会很拘谨，因为他想过寻常的日子。当你和他谈话时，就会很难让他对你感兴趣。

人类的双脚是身体有活力的一个部位，虽然它们被鞋子遮住了，但当人类的情绪一旦发生变化，双脚就会立刻做出相应的动作。

多余的手脚动作，代表有所隐瞒

心理学家说过，尽管手势在很多时候是无意识的，但它能比较直接地反映说话者的心理状态。手势是鉴别谎言的最佳手段，因为人们常常运用手势，而且手部的动作比腿部的动作更容易观察到。不过，如果细心地观察，我们就会发现手和脚的动作都会传递信息。

小张是一名汽车销售员，但他最近的业绩明显下滑，经理问他：“你这个月业绩还赶不上上个月的一半，这是怎么回事儿？”

原来最近小张每天打网游都打到凌晨两三点，所以早晨起床特别困难，工作也没有精神。经理突然这么一问，他下意识地愣了一下，然后把双手贴在大腿两侧，低下头，用很小的声音说：“最近我在照顾身体不好的父亲。”

像小张这样，身体僵硬，手脚靠近身体，他显然说的是谎话。为了更容易分辨人们的这种状态，我们可以想想正常情况下的动作和姿势。当一个人的手和脚自然地向外延伸时，说明他是充满自信、自由自在的。当他无意识地使用各种手势来强调自己的观点时，证明他对自己所说的话感到激动、坚信不疑，比如为表达笃定的观点，会用手指指向空中或指着别人。

与之相反，当人们在说谎时，由于在耗费心思方面编制谎言，所以身体就会很不自然，最明显的就是手和脚的动作会增加。如果是坐着，他或许会把双手放在大腿上，让双腿交叠在一起；如果是站着，出于提防心理，他大概会将手完全放进在口袋里，或者双手紧握，手指蜷向掌心。说谎者没有安全感，所以会出现手脚蜷缩、双手贴近身体的姿势。把手指放在嘴里、抓挠脖子以及拉拽衣领也是一些典型的动作。

1. 把手指放进嘴里

正常来讲，当一个人正面临着巨大的压力时，大多会在无意识的情况下做出这个动作。他做出这个动作最主要目的，就是想重新获得自己婴幼儿时吮吸妈妈乳汁的安全感。而很多说谎者说谎时会把手指放在嘴里，甚至开始咬指甲，就是害怕被识破，然后产生不安甚至恐惧的情绪，从而激发了吸吮的动作。

2. 抓挠脖子

还有的人说谎时，就会用食指来抓挠耳垂儿以下的脖子部位。倘若你细心观察，就会发现撒谎者基本会挠 5 次左右，正常不会少于 4 次或多于 8 次。正常来讲，抓挠脖子这一姿势表示忐忑、疑虑，或是“我也不确定我会同意”“应该不会那样吧”等意思。例如，一个人如果说，“我比较同意你的看法”，同一时间，他又用手挠着自己的脖子，这就说明事实上对于你的观点他并不是真的同意。

3. 拉拽衣领

通过实验，身体语言学家发现了一个有趣儿的现象：当一个人说谎的时候，他的面部和颈部的一些敏感组织会产生轻微的刺痛感，撒谎者大多会用手去挠或搓那些产生刺痛的部位，来缓解或消除这种刺痛感。所以人们在感到不确定的时候，会用手挠脖子，或者一个人在说谎时怀疑自己的谎话已经被识破，会下意识地拉拽自己的衣领。

4. 不接触对方的身体

身体接触是亲近的表现，往往发生在亲密的人之间。但如果是在说谎的时候，人们会选择不接触对方的身体，以此来减轻内心的罪恶感。诸如此类的肢体语言还有很多，现在就不一一列举了。下一次，当别人在听到你的提问后，你看到他手脚弓成了像胎儿的姿势，手脚的姿势变得很僵硬，如果他身体没有不舒服，那么他肯定是有所掩饰。

咽口水清嗓子，代表紧张或撒谎

当一个人因为喉咙有异样和干痒的感觉时，他会不由自主地吞咽唾沫来缓解这种感觉。那么此时他可能受到刺激或撒谎了。但如果在这一系列动作的基础上，他还伴有其他动作，那么我们就需要重新考虑一下了，而不能就此认定他在

撒谎。

肢体语言比言语信息更真实，因为它是传达内心无意识信息的重要表现。美国联邦调查局特工在询问犯罪嫌疑人时，时常细心地观察其肢体动作，所以他们很熟悉肢体语言。

“杰克在哪儿？”“上午十点，你们在十五街区做什么？”美国联邦调查局为追查一名杀人犯，正在询问第一嫌犯吉姆。

突如其来的一堆问题，让吉姆有些紧张，随后他动了一下喉结，咽了咽唾沫，清了清喉咙，用小声的声音回答了特工的问题。

“他说谎了，因为他不由自主地吞咽唾沫了。”

“不，他没有撒谎，他或许只是因为没见过这样的场面而紧张。”

问完吉姆后，美国联邦调查局特工们纷纷发表了自己的见解。资深的老探员尼克认为吉姆没有撒谎，吉姆之所以做出一系列的下意识动作，只是因为紧张。后来经过调查也证实了，吉姆确实不是罪犯。

在上面的案例中，犯罪嫌疑人不仅吞咽了唾液，还清了清喉咙，但事实是，他不是罪犯，说明人做出这些动作也有可能是因为紧张。

王鹏参加了生平第一次演讲比赛，当面对众多的观众时，他的额头开始冒汗。他打算清清喉咙然后开始演讲，但他却感觉喉咙像生锈了一样，特别干涩。所以他在演讲时总是清嗓子，整个过程也是磕磕巴巴，观众们对此很不满，并有了厌烦的情绪，王鹏看到观众们这样的反应就更加紧张了。

王鹏这样的情况我们很多人都经历过，当我们开会时在没有做准备的情况下却被领导点名发言，或者突然当着很多人讲话时，都会不由自主地想清清喉咙或咽咽口水。由于不安或焦虑，使喉咙产生黏液，让你先清清喉咙恢复正常声音，这样做都是生理原因造成的。

很多时候，清喉咙是为了安抚自己紧张的内心，而不是生理上的需要。例如突然被领导点名发言的人，潜意识地用清喉咙来为自己争取思考的时间，然后整理出要说的话。一般说话总是清喉咙、变声调的人，倘若他没有疾病，那就是因为他们内心非常烦躁或痛苦，正在寻找勇气。

除了清喉咙以外，内心紧张时还有嘴巴颤抖、面红耳赤、说话结巴破音、咬食指、用指尖儿拨弄嘴唇、把双腿交叉，或者紧紧并在一起等表现形式，双臂交叉也有可能是因为紧张，但由于这个动作太过于明显，所以被人们故意规避了。

我们一般会认为是陌生感导致的紧张感。例如你第一次去参加某类活动时，就会感觉不适。而实际上，那些经常见大场面的名人们也会有紧张的时候，但是他们会通过隐晦的方式来表现紧张，所以你看不出来。好比影视明星的一举一动都展现在公众的面前，因此他们都会把内心的紧张情绪，或者不自信的心理隐藏起来，然后把自己最好的一面展现给公众。当一般人紧张时，或许会通过清嗓子、抱臂等方式来抚慰自己，但名人们会用很隐蔽的姿势来表明紧张。他们通常会利用抚摸一下自己的领带，调整一下袖口，或者用大拇指摸索一下食指等细小的动作来隐瞒或缓和紧张的情绪。实际上，这样的姿势也可以让紧张的内心获得一些安全感。

此外，当一个人感到紧张、忧虑时，他也会频繁地做出调整表带、翻查钱包、双手紧握、摆弄衣袖等动作。手机成为日常必备品后，在公共场合，我们也能时常看到摆弄手机的人。譬如在地铁里，大家时常会通过玩儿手机，来掩盖自己的不适。

十指交叉，代表无形的控制力

在多种多样的身体语言中，人的手掌是最有力的非语言信号，但它最不受重视，尤其是双手十指交叉的时候。正确和得体的十指交叉，不仅能对别人产生一种无形的控制力，还会使人显得非常自信和有权威。

正常来讲，典型的自信姿势就是当一个人坐在桌前时，十指交叉放在下巴的前方，两胳膊肘儿支在桌面上，头稍微抬起，双眼平视前方，稍微前挺胸部，双肩自然下垂，然后给人一种脖子上仰的感觉，这种姿势还能给人一种威严感。

人们在谈话或聊天儿时，时常会不由自主地将十指交叉。

最常见的姿势是面带微笑地看着对方，把双手十指交叉平放在胸前。还有很多发言者时常会将十指交叉的双手放在桌面上，或是放在自己的膝盖上。当发言者做出这个动作时，表明他充满自信，而且发言正处于侃侃而谈的时候，但这种情况也不是绝对的。譬如，某个员工在当着很多人的面儿发言过程中，人们发现他的十指下意识地紧紧交叉在一起，由于用力太大，使十指变得很苍白。此时他的这一手势，不是出于自信而是因为非常紧张。心理学家表示，在特定的条件下，十指交叉的手势也可以表示焦灼、消沉的心情，说明用这个手势的人正在奋力掩盖自己尴尬或挫败的情绪。

很多时候，女性最为钟情的手势就是十指交叉。不同方式的十指交叉，代表的意义也是迥然不同的。一个非常自信的女性，往往喜欢用双肘支撑着交叉的双手，或是喜欢把下巴放在交叉的双手上面。倘若一个女性站立时喜欢将十指交叉的双手放在胸前，这说明她的提防心理很强，甚至可能在感情或生活上受到过伤害，她做出这个手势，说明她在极力保护自己，防止再受到伤害。如果一个女性把自己的头放在十指交叉的手上，则表明她可能在为自己的某一决定或行为而懊恼或反省，不过她也可能是在思索某一问题。

一个人的情绪状态也可以通过十指交叉的双手的位置的高低反映出来。正常来说，当一个人把双手十指交叉放在胸前或是腹部时，表明他有较为主动、高亢的情绪状态，对自己充满信心，同时还会显得不可捉摸，有时还会略带神秘色彩。当一

个人将双手十指交叉放在腹部以下时，可以表明他的情绪状态比较消极、低沉，同时也会让他看起来真挚无欺。

总而言之，如果要判断一个人十指交叉的具体情绪状态，就要参考其他的非语言信息，因为十指交叉的含义往往跟当时的状况有关。

脚踝相扣，代表内心紧张

脚踝作为身体语言的一部分，它的动作细节也是一种沉默的语言。如果你和别人谈话时，发现他的脚踝相扣，说明他在压抑紧张的情绪，而且他对你持否定或防范的立场。

更为惊讶的是，当交谈对象脚踝相扣时，他的内心大多会有“紧咬双唇”的潜意识。因为他内心没有把握或者是焦灼害怕，双扣的脚一般会偷偷地移到椅子底下，与此同时，还会沉默寡言。所以，脚踝相扣表明他的内心情绪是消极、否定、紧张、恐惧或是不安的。

当做出脚踝相扣的动作时，则表明这个人正在心里竭力克制、压抑着自己的某种情绪。比如在法庭开庭之前，基本所有的涉案人员已经就座，他们一般会交叉双腿，表现出放松的状态。但在审判的过程中，被审人员很可能会将脚踝紧紧地靠在一起，只是为了减少或消除内心的压力、心头的恐惧以及慌乱的情绪。再比如，在面试时，倘若你细心观察一下参加面试人员的脚部状况，你就会发现，很多人会把踝骨紧紧地锁在一起。即便他们在极力压制内心的紧张、压抑、恐慌等情绪，但这个姿势还会暴露他们真实的心理情绪状态。通常在这种情况下，面试官就会暂时岔开主要话题，或者直接走到面试者旁边坐下，来拉近彼此间的距离，以帮助面试者控制好情绪，免除面试者内心的压抑和紧张。这样一来，双方交流的氛围就会变得相对轻松、友好。

在一些公共场合中，我们时常看到夹紧双腿、脚踝相扣的人，尤其是穿着短裙的女性。尽管女性紧夹双腿姿势的含义可能是避免走光，可事实上，关键的因素并不是短裙。因为有一些没有穿短裙的女性也会做出这些动作。例如，她们会突然把脚踝扣在一起，双膝并拢，两只脚放在身体的同一侧，双手并排或是交叠着轻轻地放在位于上方的那条腿上。这一系列的动作，实际上表明实施者紧张或没安全感的情绪。而当她们自然地打开自己的脚踝时，说明她们感到了舒适。因为性别的不同，当男性做这一动作时，自然会存在一定的差异。男性在锁定脚踝时，一般还会双手握拳，并将手放在膝盖上。偶尔，有的男性还会牢牢抓住椅子或沙发两边儿的扶手。但是不论是女性或男性，这样的动作必然说明他们正在极力压抑自己紧张的情绪。

脚踝相扣不仅能表示一个人在内心进行自我克制，偶尔还能反映出一个人犹豫不决的心态。假如你是个阅历丰富的谈判专家，在谈判的过程中，当对方做出踝部交叉的姿势时，你应

该会感到暗喜，为什么会有这种反应呢？因为这个姿势说明对方的内心极有可能藏着一个很大的让步，不过他现在还是犹豫不决，考虑要做多少的让步才最为合适。在这种情况下，倘若你马上给对方提出一串探索性的问题，执行所有可能的措施，对方就不会再摇摆不定，然后最终做出较大的让步。

综上所述，不论是紧夹双腿还是脚踝相扣，一旦有人对你做出这样的动作，就说明他很紧张、焦虑、不安。这些姿势往往是封闭性的，表示他还没有做好准备和你充分交流。你和他的对立状况或许会拉长，你需要有充足的心理准备。

不时拨弄头发，代表心中不安

假如你留心就会注意到，当处于紧张的状态时，人们往往会不由自主地做出可以暴露出很多内心信息的小动作。比如，你和朋友聊天儿的时候，他时常拨弄自己的头发，这是他的大脑在说：“我很心慌！需要安抚。”对，人也像小猫儿小狗儿一样，意识到害怕时就会舔自己的毛发。人类不断地拨弄头发，也表示内心十分紧张不安。

倘若你细心观察过儿童的身体语言，你就会觉察到，当小孩子犯错儿被父母或老师发现知道后，常常会做出类似的动作——站在大人面前，身体不动，时常带着无辜的眼神，用手频繁地拨弄头发，展现出一副很紧张的模样，好像在说：“我

错了，她会不会打我呢？”所以，不停地拨弄头发，是他心中过度紧张，没有信心，需要通过不停地拨弄头发来掩盖内心的紧张和不确定感，而不是表示他因头皮发痒做出的动作。因此，不时地拨弄头发最常见的含义就是当事人觉得疑虑、忐忑，甚至还有些急躁。

小郭是个公子哥儿，自身存在一些不良的习惯，但在和蕊蕊结婚后有所改善。可是有一天，小郭又一晚上没回来，早晨到家后，他发现蕊蕊一整晚都没睡。蕊蕊红肿着双眼站在门口，指责道:“你又去酒吧了，对不对？你还要不要这个家了？”从来没见过蕊蕊生气的小郭有些惊慌，他频繁地拨弄头发，说:“你要相信我，我……我真的没有去酒吧啊！”

从上面的例子能够知道，小郭虽然在嘴上否认了蕊蕊的猜测，可手上的动作却说明他内心的紧张。如果你仔细观察就会察觉到，人们在不安的时候，往往会借助一些小动作将内心的情绪显露出来。让我们来认识一些其他体现不安的小动作吧！

1. 不停地清嗓子

有的时候，其实很多人嗓子并没有生病，但是在准备较为正式的演讲前，他会频繁地清嗓子。这不是什么癖好，仅仅是不安的原因。紧张或焦躁的情绪会导致喉头发紧，甚至发不出声音。为了发出正常的声音，他务必会清嗓子。这也造成了人们所说的“紧张得连声音都变了”。倘若有的人说话频繁清嗓子、变声调，这说明他们十分紧张、不安或焦躁。

2. 狠狠掐烟或任烟自燃

偶尔，抽烟会被认定是舒缓不安、压力的方法。在现实生活中，你时常会看到这样的动作：有的人烟还没有抽完，就突然把烟狠狠地掐灭，或是把它放在烟灰缸上任其自燃。事实上，这些动作时常也是压力、不安、焦躁的潜台词。

3. 屁股底下坐了球

或许在学生的时期每个人都被老师说过：“你就不能坐好吗？你是不是屁股底下坐球啦？”倘若你和别人交谈时，你注意到他如坐针毡，那就说明他觉得有压力或紧张，不过有时这样的动作在寂寞时也会体现出来。

有些动作平时看来很正常，事实上也是紧张不安的表现。比如撕纸、捏皱纸张、紧握易拉罐让它变形等，甚至你会意识到，如果一个人有严重的紧张感、不安感时，这样的动作呈现的频率更多。人们仿佛期望利用这些动作来舒缓和安抚情绪。

握紧拳头，代表焦躁不安

亚伦皮斯是著名的人际关系大师，他在很小的时候就已经掌握了一套察言观色的技巧。他之前上门卖过橡胶海绵。他知道如果对方的手心是展开的，那他就会继续推销产品。而倘若对方尽管看上去很和善，却攥紧了拳头，亚伦皮斯就会马上离开，以免浪费时间。

握紧拳头是指在谈话时，对方的两手较长时间的握拳。最容易见到的是两手握拳在身后呈现叉腰的姿势，或者双手抱胸，两手紧握，却不会像平常一样两只手掌张开，偶尔也会两手握拳，支在下颌处。

在心理学上，握紧拳头是一种武装姿势，美国心理学家布

莱德曼通过研究证明，在很多时候，一个人握紧拳头并不能说明他很自信，恰恰相反，这说明这个人的情绪非常焦躁、不安，或者是气馁、悲观。比如，当一个人将双拳紧握、双臂环抱于胸前时，这说明他有强烈的敌意。倘若有人在和你交谈时，握紧拳头，就说明他内心非常厌烦你。这样的人有较强的防御意识，同时你也会察觉到他的敌意。紧握的双拳是他在尽力控制自己的情绪。从他的其他身体语言上你也可以看出这一点，比如紧皱的眉头，甚至脖子上青筋迸发的情况。这个时候一旦你刺激他，他就会把这种呈现敌意的状态变为敌意爆发的状态。

刘玉和小孟是住在一个寝室的大学同学。在愚人节那天，刘玉偷偷拿了小孟的论文。就在小孟因找不到论文而急躁的时候，刘玉拿出论文，说："它就在你的枕头下面呢！你真是笨死了。"小孟下意识地握紧了拳头，手上迸发出青筋。刘玉并没有在意，而是不断地和室友起哄、嘲笑小孟。结果可想而知，小孟和刘玉打了起来。

从上面的例子能够总结出，刘玉没有发觉出小孟的手势信号，所以才让焦躁、羞愤的小孟更为愤怒。实际上，你只要懂得观察，就可以从对方手掌姿势了解到他对你的看法。

1. 手掌向上自然平展的人，对你有好感

但你和朋友交谈时，常常会看到，他靠在桌子上，掌心向上，一只手或许还夹着烟。这说明他对你的感觉不错，想更亲近你。只有在没有戒备的情况下，手掌才会向上自然平展，这类手势也是身心放松的表现。

2. 手掌向下自然平展的人，对你还有戒备心理

双手平展，时常会放在椅子扶手上、大腿上，偶尔还会放在面颊上。这表明他有戒备心理，但又想对你极力示好，这种手势很常见，总体上依旧是对你有好感的。

3. 双手摊平合十的人，对你很抗拒

双手摊平合十是大家常见的祈祷手势，有时这个手势被人们用来代表拜托、请求。如果你见到这样的人，基本上能肯定，他对你是抗拒的，大多在求人的时候会用这种动作，尽管他嘴上求你帮忙，但内心却常常是抗拒的。

此外，在一些特殊状况下，有的人做出握拳的动作，是因为他们内心焦虑或紧张不安，是在安慰自己的负面情绪，是一种心态的特殊反映，并不是他们讨厌你，所以对此我们应该分开来看。

第五章

习惯性动作透露出的心理

在当今社会，人际关系开始变得越来越重要。虽说社会信息传递得很快，但对一些机密或者重要的信息传递，人们还是喜欢用传统的方式，所以在这个时候人际力量就显得尤为重要。而和别人处好关系的最佳方法就是了解这个人的喜好禀性，这就可能需要我们去观察对方的行为习惯了，往往很多人不想说的事儿或者连自己都不了解的习惯，都会通过自己的下意识动作传递出来。

需要感性诉求的人经常习惯性皱眉

“才下眉头，却上心头”“枉把眉头万千锁”“千愁万恨两眉头”“花因寒重难舒蕊，人为愁多易敛眉”……这些诗句都离不开眉头，都含着淡淡的忧伤。

不过，皱眉所代表的心情有很多种，比如：忧伤、怀疑、惊奇、疑惑、否定、错愕、不了解、愤怒、恐惧、希望等。当一个人矛盾的时候，两条眉毛就会自然而然地彼此靠近，在两眉中间形成一条竖纹。其实，人们很少会把皱眉和自卫、防卫联想到一起，一般带有侵略性的没有畏惧的脸，是瞪着眼睛直视或者是毫不皱眉。

相传，在中国古代有四大美女，其中作为四大美女之首的

西施更是被人们津津乐道。直到如今，我们都听说过“病弱西子胜三分”的说法，其中就是说西施连皱眉抚胸的病态都惹人怜爱，甚至还有“东施效颦”的典故。其实皱眉是人们情绪的自然反应，同时，在人们的潜意识里感到害怕时，或是出现防备心理时，都可能会下意识地皱眉。

而如果在现实世界里，我们碰见了一个习惯皱眉的人，那么我们就要小心了，这种人大多会表现得很忧虑，甚至不太愿意接受自己现在的处境状况，还常会给人一种随性感，这就使得他们看起来并不好相处，并且这种人还极其挑剔，精打细算，直觉敏感，却有着务实认真的行为习惯。当然，他还有些犹豫。

研究还证明，眉毛离大脑其实很近，这就导致眉毛最容易被大脑的情绪所牵引，也就是说，眉毛的动作是人们内心世界变化的一个外在体现。从而我们就可以通过皱眉的细微差别得知他人的心理活动。

1. 听别人说话紧锁双眉

在我们说话时，如果发现对方在双眉紧锁，那么说明对方可能对我们说的话不赞同或者存有疑虑。这个时候我们最好减缓我们的语速或者主动询问，这样就会体现出我们与他交流的真诚。

2. 自己说话也紧皱眉头

如果你发现有人在跟你说话时，他自己会下意识地皱眉，那么说明这个人在跟你说话时是很不自信的，但是他却在极力寻求一种更好的方式与你沟通，如果这个时候我们能很好地理解他的意思，那么后面的沟通将会更加顺畅。

3. 习惯用手指掐紧皱的眉心

这种习惯性掐眉心的人，一般都有我们常说的神经质的成分，但是在做事时，他们可能也会犹豫不决，常常对自己的决定感到后悔。所以遇到这样的人，我们最好做好心理准备，因为与他沟通，我们需要花费超长的时间和更多的精力来消除他的顾虑。

通过上面的总结，我们可以知道，眉毛是我们通过对方的面部表情了解一些潜在的信息最好的选择。人额头部分的皮肤是最薄的，一旦我们有轻微动作在眉头上就会展现出来，例如我们眉头一皱，眼睛就会受到挤压而缩小，从而给人一种忧郁的感觉。所以当一个人放弃他的防卫面具时，他才能放弃心中最后的挣扎，下次我们就试着从眉间寻找奇迹吧！

精打细算的人，习惯走路时往下瞅

孟子曰：“观其眸子，人焉廋哉！”也就是说：当我们观察一个人时，我们应该先看这个人的眼睛，眼睛是一个人心灵的窗户，所以，人们的眼神常常会透露出他心中所想。而在众多的研究中也发现，一个人的视线，特别是在一个人走路时下意识表现出来的视线，是十分容易暴露此刻这个人的想法和喜好的。

在前面3—6米的位置是正常人走路时视线所看的地方，视角一般是75度，而当我们感到危险时，视线角度可能发生很大的变化，视线范围可能会缩短至1米左右，角度也会非常小，步幅也会随之变小，以此来应对突发状况。但是，我们可能也会经常看见一种人，就是走路时视线一直向下，颇有“走自己的路，让别人去说”的味道。其实这种人比较内向，心机重，做事也小心谨慎，喜欢精打细算。许多时候他看似无心，实则是在思索。当我们与他们交流时，我们就会发现这种人比较注重实际利益和家庭生活。

在实际的人际交往中，如果我们想深入了解一个人的禀性爱好，不妨试着留意一下他的视线。下面我们对不同的视线区域可能代表人的哪些特质进行了一下总结。

1. 视线朝上地走路

这种视线朝上的人，往往在走路时会下意识地步履轻快，头微微上扬，甚至有的时候他还会双手插兜儿，轻哼着小曲儿。其实从这些我们就能看出这种人个性质朴，生活乐观，可能会十分喜欢亲近自然，生活中很小的一件事都会使得他们感觉幸福和满足。

2. 平视走路

习惯平视的人个性比较认真，做事直爽，多半不喜欢拐弯抹角，浪费时间，可以说这类人就是我们常说的务实派。

3. 盯着某物走路

在大街上，我们可能经常看见一种人因为看见某一个事物而驻足观赏，他们也不是要买这个东西，只是被吸引了，或者这个东西让他联想到了什么事情。这种人往往做事比较专注，喜欢沉浸在自己的世界里，只对在自己面对的事情感兴趣。

4. 东张西望走路

喜欢东张西望走路的人，往往他的注意力不容易集中，而且这类人极易被外界影响，总是给人一种漫不经心的感觉，不过他们也有优点，就是好奇心重，对新鲜有趣儿的事物十分敏感。但是，当我们与之交谈时，就会发现这种人经常喜欢问重复的问题，所以你不用担心自己没有讲清楚，这种人只是没注意听而已，这就是注意力不集中。

通过上面的介绍，我们可以知道，走路时视线区域的不同会很容易地暴露一个人的性格爱好，如果我们能加以仔细观察，对我们了解对方会有很大的帮助。

圆滑而不张扬的人，习惯耷拉上眼皮

在日常生活中，我们可能经常会看见这种眼睛眯着、习惯耷拉着上眼皮，就像晚上没睡好一样的人，这种人常常会给我们一种与世无争的错觉，其实这种人大都反应灵敏，思维活跃，只是不易让人觉察到而已。

圆滑世故而又不张扬的人，多是习惯耷拉着上眼皮。因

为这样就会使得他们给外人留下迟钝笨拙的印象，从而就会使得人们感觉他们亲切、和善，认为他们是老实忠厚的人。其实这种人在遇见和他们利益相关的事情时，往往会马上瞪圆自己的眼睛，尽显自己老谋深算的一面。这种人总是能使事情朝着对自己有利的方面去发展，当然，这个过程中他们仍然会耷拉着眼皮，一副老实人的面孔，让人感觉如果欺负他们就是犯罪。其实，这个时候的他们往往正在算计我们，如果我们能冷静下来仔细分析一下，我们就会发现他们的一言一行都是有目的的。他们先做好铺垫，然后引诱我们掉进设下的圈套里。面对这种人，我们往往可能被他们卖了还在帮他们数钱。或许当所有事情结束以后，我们自己明白过来了，但是也为时已晚了，最后不得不哑巴吃黄连，自认倒霉。经过这些事情，我们终于明白，原来一些平时看起来老实的人，其实只是在伪装而已。

由此可见，虽然眼皮是人体很小的一部分，但是在关键时刻，它还是很重要的。通过上面的介绍，我们以后可以通过眼皮的状态来理解一个人的心理，那么除了上面的例子以外，眼皮还能说明什么问题呢？

从生物进化论角度来讲，人之所以分为单眼皮和双眼皮，是因为眼皮脂肪的原因造成的，而且进化论认为，单眼皮要比双眼皮的进化程度更高，只是现在很多人为了追求美感将自己的单眼皮做成了双眼皮而已。其实保护眼睛是眼皮的主要作用。而单眼皮是为了更有效地发挥这一作用而进化来的。单眼皮的比率在东方人中较高，西方人大都是双眼皮，其实单眼皮是东方人的优势。

在众多研究中我们发现，单眼皮的人大多冷静，做事有极强的观察力、注意力以及严密的逻辑力，同时他们的意志力还极为坚强，但是这种人性格消沉、不善言谈，甚至有时会十分固执。而双眼皮的人大多比较感性，他们感情丰富，热情开朗，自觉性、顺应性和协调性极强，行动积极敏捷。

而对于下眼皮的观察，我们可以看出这个人的疲劳程度，如果我们把一个睡眠充足的人和一个睡眠不足的人进行比较，我们就会发现，睡眠不足的人的下眼睑周边往往会呈现黑色，也就是我们常说的黑眼圈儿。过度疲劳、病魔缠身、淫乐无度、郁闷苦恼等原因都会引起这种现象。但是随着人年龄的增长，下眼睑周边会出现皱纹、垂肿等现象。

但是当我们遇见电视新闻播音员、良家子弟、有涵养的妻子、大家闺秀以及被人们称为“装饰橱窗”的浓妆艳抹的

女士时，我们就很难从他们的脸上窥得一二了。其实在这个社会，人们都开始学会了伪装，无论使用高超的演技还是浓重的妆容，我们很难再从一个人的嬉笑怒骂中感受他的情绪以及性格了，但是眼皮却不经意间泄露了他们心中的秘密。所以，在我们的为人处世过程中，就可以通过对一个人眼皮的观察得知这个人的喜好。当然，如果我们遇到了一个总是耷拉着上眼皮的人，我们就要认清这个人可能是头脑聪明、老谋深算的一个人。

缺乏进取心的表现

不知道你有没有发现有些人在走路的时候缓慢而踌躇，一副心事重重的样子，犹犹豫豫，仿佛他们要去干一件很危险的事儿一样。这类人即便是有十万火急的事儿催他们，他们也一样是慢吞吞的。这就是典型的现实主义者，这种人为人软弱，没有进取心，逢事习惯犹豫，不喜欢张扬和出风头，往往错失良机，还安于现状。

但是，或许也正因为这样，这类人做事往往会很谨慎，对自己的感情也很看重，如果你能成为这种人的朋友，那么恭喜你，这类人将是你一辈子的朋友。在这种人中，他们比较喜欢安稳，没有什么心机，所以也不会好高骛远，容易对现状感到满足。

同时，走路缓慢踌躇的人还有一个很不好的缺点，就是没有时间观念，因为他们没有足够的上进心，所以他们不懂得去争取时间。其实他们不仅走路动作慢，做其他的事他们一样也是慢吞吞的，这就导致很多人看见他们一副不紧不慢的样子，就想催促他们快些，再快些。而他们可能在想："我是快是慢跟你有什么关系，我定时完成任务就可以了。"这种人可能从来就没有想过自己能升职加薪的问题，或者用"知足者常乐"来形容他们更恰当。在他们看来，忙碌的生活一点儿都不适合他们，甚至面对那些生活忙碌的人，他们都不能理解，可能还会问："你们为什么要把自己逼得这么紧呢？这对我们的健康很不好。"

这种人虽然没有什么进取心，但他们做事稳妥还是令人相信的。如果在事业上他们得到提拔重用的话，那可能并不是因为他们的"后台"，而是因为他们那种务实的精神给自己创造了条件。

其实这种动作缓慢的人做事很少会出彩，但是他们也很少出错儿。按部就班，少动脑筋是他们的工作态度，这可能就导致他们与其他人比起来出错儿率少了很多。同时他们也没有什么远大的抱负和崇高的理想，安于现状，得过且过，这一直是他们的生活态度。所以，当遇见这种走路缓慢踌躇的人时，我们基本上可以知道他们是没有进取心的人。

其实这类人除了为人软弱以外，还十分缺乏安全感。他们一直相信"耳听为虚，眼见为实"，所以相信别人一直是他们不会轻易做的事。不过他们也特别重信义、守承诺，如果我们把他们当作朋友也是相当不错的，不过要注意的是，我们千万别欺骗他

们，否则一旦他们知道了，那么他们会一辈子记恨你。

有自我保护意识的人常低头耸肩

当一个人习惯低着头不去看别人的脸或者也不让别人看自己的脸时，这种人往往会处在一个很消极的情绪中，此时的他可能很害怕或者很伤心，当然这可能也是他在表达自己的一种不满。低头这个简单的动作，其实在不同的情形下所表达的意思也是不同的。

1. 不自信

内心缺乏自信的人经常会低头耸肩，因为这样，他们就以为自己的存在感降低了。这种人在看到一群不太熟悉的同事时，他们往往会下意识地缩紧脖子，努力让自己的存在感降低，从而不要引起其他人的注意，以此来减少自己与他人的交流。反之自信度高、爱表现的人，在遇见自己的同事时，很有可能会大步地迎上去，甚至在对方没有注意到自己时，还会主动地去和同事打招呼，以此来达到被人关注的目的。而在会议上，那些不自信的人在老板的视线巡查下就会低下头，来避免和老板的视线相交。

2. 自我保护

对于低头耸肩的自我保护意味，我们可以看看下面的情形：

一群人在操场玩儿篮球，忽然有人不小心将球扔到了球场外面，于是这个人对过路的人喊道："麻烦你将我们的篮球扔过来一下！"过路人回答道："好的，小心！"当所有的球员在听到这句话后，都会下意识地把头低下，缩在两肩之间。因为这样的姿势会使得他们感觉自己的头部、脖子和喉咙都避免了球的撞击，受到了保护。

在大部分人的潜意识里都清楚这个动作的保护意味，所以当我们遇见危险时，就很容易做出像鸵鸟遇到危险低下头，将头埋在沙子里一样的动作。

3. 恭顺

一天，经理找到小爱，拿着小爱刚提交上去的数据报表对小爱说："你看这个表，是不是有很大的问题？"小爱急忙查看，发现自己犯了一个很低级的计算错误，为此她把头深埋了下去。此时的经理心软了，于是说道："下次要注意哦！"

在女性身上经常会看见这种低头动作，尤其以年轻的女性居多。这种女性的性格大都比较温柔恭顺，在遇见障碍挫折时，或者难堪的状况时，她们往往会下意识地做出这个动作。就像上文中的小爱，因为发现自己犯了很大的错误而感到羞愧，以及对老板的害怕做出的低头动作一样，这个时候低头的动作往往会使人变得娇弱无助，其实这也是一种潜意识中的祈求怜悯的动作。

4. 消极抵抗

低下头除了上面说到的几种含义外，其实还有一种表示消极抵抗的意义。就比如在我们和对方吵架时，对方低下头，不再说话，其实这不一定代表他意识到了自己的错误，相反，他是完全不认同你的话，只是不想再表达出来了而已，所以这个动作在这里就是消极抵抗的意义。此时，将下巴压低的动作更是意味着否定。而如果此时他还出现了其他的封闭性姿势，比如双臂交叉、双手紧握，那么这种意味就更加明显，甚至这会是一种攻击性的暗示。

其实人们的低头动作和批判性的意见的形成之间是互为因果的，所以，当我们发现面前的人不愿意把头抬起来或者向一侧倾斜时，那么很有可能是对方根本就没有被我们打动。这个时候我们就要赶紧调整自己的策略来吸引对方，以此来继续进行我们之间的交流合作。

常用手摸下巴的人的心理表现

当一群人在一起讨论或者发表自己的意见时，如果我们留心观察一下，可能就会发现一个有趣儿的现象：在我们发言时，其他人常常会下意识地把手放在自己的脸颊上，进而摆出一副估量的姿势。但是当我们的发言结束时，让他们对我们的观点进行评估以及给出意见的时候，这个有趣儿的现象便开始出现了，其他人会迅速地将自己原来的姿势进行改变，比如将手移到下巴处，并开始抚摸下巴，这时，每个人的下巴角度又出现了差异。

根据下巴的动作，我们一般将它们分为两种。分别为抬高下巴和收缩下巴。下巴不同的角度也就代表了不同的态度，这就可能会显示出这个人的决定是积极的还是消极的。而我们最好的办法就是保持冷静，观察他们的下一个动作。

当我们发现对方在摸下巴的同时，还将自己的腿以及手臂交叉起来、身子向后靠的话，那么这种人基本上会对我们给予否定的答案。但是此时的我们其实也不用太伤心，我们还是有回转的余地，此时我们应迅速地对他们的意见进行征

求，请他们说出疑惑和不满，进而让我们能对其进行解答。这样一来，对方心中的疑惑和不满可能会大大下降，进而改变他们的决定。

而当对方在轻抚自己下巴后，身体后靠，手臂张开，下巴弧线内敛的话，那么我们基本可以肯定对方对我们十分满意。一旦出现这种情况，我们基本就可以尽情享受这个舞台了。

通过下巴的动作，一方面可以看出对方对我们持肯定或者否定的态度，我们还可以通过下巴的角度来感知对方的威严感和傲慢。其实我们从一些以动作片闻名的男影星的海报中就可以看出，这类明星往往喜欢用高抬的下巴来显示自己的雄性特征。其实抬高下巴的姿势很多时候都会使人感觉盛气凌人。

一位女高管在出差时，发现自己所住的酒店出现了一个很大的问题，所以她对酒店的服务人员大发雷霆。最后她坐在沙发上，对着对面站着的服务员说道："我不想再跟你耗了，你去把你们经理找过来吧！"在她说这句话时，她将自己的下巴高高抬起望向另一边儿，其实这并不是在看服务员，而是在展现自己的高人一等和傲慢。

当我们发现对方的视线位置比我们高时，我们往往会感觉对方是在与我们讲话，可是此时的女高管却并不是这样。她的高抬下巴和望向另一边儿的视线都在向服务员表示"我对继续谈话没有兴趣"。

其实下巴高抬的姿势表示高人一等也是有它含义的。在现实中，我们不得不承认高度很能影响一个人的气质和威严，虽然这不是绝对的，但是普遍是这样的。我们可以轻易地感觉出一个个子高的领导和一个个子不高的领导之间那种气势上是有很大不同的。在军事院校指挥专业人员的选拔上，重要的参考指标之一就是身高。虽说身高都是先天决定的，但是人们还是很乐于从任何细节上来改变自己的身高，就比如说高抬自己的下巴。动作者潜意识里就是想比对方高出一些，于是通过伸长脖子并且下巴高抬来达到自己的目的。

下巴收缩的角度则代表一种小心翼翼的畏惧感，爱收缩下巴的人往往与喜欢高抬下巴的傲慢人士截然相反。这种人做事谨言慎行，所以他们手头的工作完成得都会比较好，但是这种人却过于注重自己眼前的工作，做事往往就会相对保守。

下巴的动作可以说是很轻微的，但我们却可以从中得到很

多信息来解读他人。

1. 表示愤怒

愤怒的人往往会将自己的下巴向前噘着，以此来表达出威胁和敌意。而这个观点我们可以通过观察那些不听话的小孩儿就可以证明，在小孩儿表达自己生气时，他们做的第一件事就是挑战般地噘起下巴。

2. 表示厌倦

当我们发现对方的手平展、一直时不时地轻叩自己的下巴下面，那么说明他对我们的谈话感到厌烦。可能一开始这一动作只表示某人没事儿做。而现在，它更多的是在表示一个人的厌倦之感。

3. 表示全神贯注

当我们看见一个人就像摸着他的胡须一样，轻柔而缓慢地抚摸自己的下巴，我们最好不要现在去打扰他，因为此刻的他很有可能正在注意力集中地思索或聆听某件事情。

下巴的角度除了是态度的一个分水岭外，还是了解个性的媒介。如果我们想知道自己是否已经被对方接受，那么就看看他的下巴吧！

内心高兴的人，往往会下意识地翘起脚尖儿

我们经常会用“高兴得飞起来了”等语言来表达自己的

兴奋和高兴，也就是说，当人们感觉到幸福或高兴时，往往就会有一种飘飘然，整个人被向上提升的感觉。如果此时再让我们画一幅笑脸图，那笑脸上的嘴角一定是向上翘的。其实，当一个人感到高兴或幸福的时候，上翘的不止有嘴角，还有他的脚尖儿。或许对兴奋的人来说，重力作用似乎就减小了很多。

而背离重力作用的行为在我们所处的环境中几乎每天都会看见。例如，我们经常会看见有人会一只脚的脚跟儿还处于着地的状态，另一只脚掌和脚尖儿却向上翘了起来，脚尖儿指向天空方向，以愉悦的语气在打电话，其实通过他的这个动作我们可以猜想出，此刻这个人的心情是十分不错的，他一定是听到了什么使他开心的消息或者想起了开心的事情。他的身体动作无处不散布着“棒极了，简直太好了”这样的语言信息，上面描述的这种动作与向上跳跃、欢呼代表的心理状态是相似的。

不知道大家有没有发现在一期“快乐男生”的电视选拔赛上，2号男生被宣布直接过关时，虽然他的表情淡定，上半身也很镇定，但是如果我们看他的脚就会发现，他的脚尖儿上翘指向天空，这就暴露了此刻他兴奋的心理状态。而事后的过关采访也正验证了他的快乐，当时他兴奋得声音都变了，一直在说：“太好了，感谢大家！”

在解读身体语言的时候，表情可能是人们首先想起来的地

方，其实，如果对方可以管理自己的表情，我们是很难找到真实信息的，这个时候脚的细节动作就可以进一步地帮助我们。这也就是例子中 2 号男生上半身镇定、脚部兴奋的解释了。

对脚的动作大部分人不太关注，更不会考虑到伪装或掩饰。因此双脚才是人身体上最真实的部分之一，双脚动作真实地反映了人的感觉、思想和感情。下面让我们看看其他传达快乐情绪的双脚表现吧！

1. 颤动

当我们看见一个人的双脚在颤动、甚至他的衬衫和肩膀也随之颤动时，那么表示此刻他心情大好，这些细微的动作也是在向我们表明，他此刻十分轻松、愉悦、满足。就像很多人在听音乐时会下意识地抖脚一样，就是这个道理。

2. 把玩鞋子和脚趾

很多女性喜欢把玩自己的鞋子还有脚趾，尤其是在感到愉快的时候，她们甚至会用脚趾将鞋子挑起放下，如此反复。或者是将鞋子挑起来，来回地摇晃。

3. 恋爱的幸福

如果我们观察足够仔细的话，会发现很多情侣在桌下很喜欢用脚部的接触或轻抚来表达好感，比如搓擦对方的双脚或用脚趾轻触对方。这样的动作往往是在表明他们很舒适、心情十分愉悦。

4. 交叉放松

不知道大家有没有发现，当我们与朋友交谈得轻松愉快时，朋友会下意识地将双腿交叉站立。其实这就是在说她十分轻松愉快。也就是说我们的关系很好，他在我们面前可以卸下防备，完全放松下来。

总之，脚部传达的信号是很难作假的。尽管我们不可能成为萨满教的先知或吉卜赛的巫师，但可以通过对方一个下意识的脚部动作，看穿他的情感趋势和真实意图。

第六章

不同肢体动作表现不同的心境

尽管现在社会的科技发展蒸蒸日上，人与人之间的交流多是通过电子科技，但面对面的交谈仍十分有必要。在人们直接交流的过程中，如果你想要读懂对方的心理，与对方成为更加亲密的朋友，那么学会从别人的肢体语言中得到有用的信息就十分有必要了。点头是交流的常见方式，微笑是情感的加速器，眉毛和目光可以表露出你的心声，眨眼和走路等肢体动作亦可以反映出一个人的心境与性格。

○

点头不一定是赞同

人们最常使用的肢体语言之一便是点头，这不仅仅可以向别人表示自己的赞同，而且还可以激起他人的支持与认同，同时增强彼此的交流和互动。点头的姿势除了表示赞成、支持和认同的含义之外，还可能随着点头频率的变化，而包含着其他的含义。

一般来说，缓慢点头意味着倾听者对于你们交谈的内容很感兴趣。当你的听众们偶尔缓缓地点两下头，这意味着他们对你所讲述的观点很重视，故而点头示意。如果他们点头间隔时间较长，这表明他们在思考你讲述的内容。假如你看到大家在你发言时频频点头示意，你切不可以得意忘形，他们可能并非是赞同你的观点，只是由于对你讲述的内容感到不耐烦而表现出来的烦躁反应，他们可能想要争取发言来打断你的侃侃而谈。

张扬在大学刚刚毕业之后便去一家企业单位参加面试，他的面试官是位年轻的女士。女士在询问几个常见问题之后，突然转移话题问起张扬的兴趣爱好。张扬从小便爱看诗集和小说，尤其是国外经典诗集和小说，于是便就他喜爱的诗人泰戈尔和小说家欧·亨利等和面试官交谈起来。年轻的女士频频点头，张扬仿佛受到鼓舞，便接着夸夸其谈。张扬觉得此次面试

题目是他的特长，他有些忘乎所以，仗着自己在学校利用大量时间啃过众多书籍，自诩满腹经纶，便开始了口若悬河的表演。他只看到面试官频频点头，并未在意其不停地看表，就这样，半个小时的面试延长到了一个半小时。面试结束时，已经临近中午，面试官满面笑容地通知他："回去等通知吧！"张扬笑嘻嘻地答道："好的，以后有机会希望再聊。"但是张扬怎么也没有等到被录取的通知。

从中我们可以知道，当别人在你发表意见时不住地点头示意，这可能并不是表示对你的谈话内容表示赞同与支持，也可能是他们对你说话的内容毫无兴趣并且感到厌烦，他们只是希望借此提醒你早些结束。张扬如果在面试时有观察面试官的肢

体动作，并发现面试官不停地看表，早些结束这个话题，又怎么会没被录用？这正如心理学家们实验得出的结论一样，当别人做“如小鸡啄米般地点头动作”时，他快速地点头，这时他很难听到你在诉说什么内容，他的注意力都在动作上。这常常出现在听厌父母唠叨的孩子们身上，这样的动作出现意味着孩子是行为上答应，但未真正放进心里，忘记得会很快。

若别人对你的意见或观点是真正的认同与支持，那么他们往往会在你发言结束后，点一到两下头示意，这意味着他认真聆听你说话的内容，若是对内容感兴趣，会在你讲述过程中停顿时连续点头，鼓励你接着往下说，若是别人怀着积极的态度去倾听，他可能会在你讲述过程中无意识地、适度地点头。点头虽然是一个简单的肢体语言，但它常常具有巨大的感染力，是人内在情感无意识的反应，它可以给予别人激励。

微笑也可能是在拒绝

人与人之间最古老的沟通方式之一便是微笑。心理学家们常常把微笑视作人们沟通中的“通用货币”，为什么会有这样的认识呢？这是由于在很多情况下，人们都用微笑来表示自己的喜悦，这被人们广泛接受。但根据有关对人类近亲黑猩猩的研究发现，我们可以发现微笑往往不仅仅只有表达喜悦的作用，它还可以告诉别人自己是无害的，能够让别人更加容易接受自

己。人们都会微笑，但能够真正地理解微笑的含义、把握住微笑内涵的人并不多。

在房地产售楼处，馨芸是一名业务能力很强的销售员。一天她遇到自己的第四个客户，对方看起来是位温和美丽的女士。这位女士姓周，想要买一套自己理想中的房子。馨芸在得知周女士的想法后，便开始口若悬河地介绍，从面积到用途、从室内到室外，周女士始终未打断馨芸的叙述，微笑着倾听。但在馨芸介绍完后，周女士并没有决定立即买房，仍是在微笑。馨芸没有办法只能看她怅然离去。

以前人们出于礼貌的原因，要求女孩子笑时不能露出牙齿，这种不露齿的微笑实际上是人们防卫姿态的一种表现。在与人交流时，若是别人不发表他的意见与想法，只是微笑，这往往表示他不原意与你分享想法，是一种礼貌地拒绝。这种人往往性格内向、思想保守，遇事时会一味地用礼貌微笑表示婉拒。

微笑有许多表现方式，不同形式的微笑往往有着不同的含义，以下向大家介绍几种不同形式的微笑所蕴含的含义。

1. 常见的微笑

指人们生活中最普遍的、最常见的微笑。往往是表示感谢、友善和歉意，例如：当同学经过你课桌时，无意撞掉你的书本，他会微笑地道歉，表达自己的歉意；在老人经过马路时，你上去帮扶，老人会报以淡淡的微笑，表示感谢；你与新同事初次见面时，大家会微笑地看着你，以示友善。这样的微笑在生活中很多，也很常见。

2. 闷声的鼻笑

从鼻子发出的笑声称之为鼻笑。这类笑容多出现在正式的场合，人们在正式的场合遇到好笑的事情不能放声哈哈大笑，故而只能忍住不出声，导致笑声从鼻子里发出，产生特有的闷声。通常性格内向的人也多采用这种形式的微笑，他们不原意引起太多人的关注，这会让他们感到不舒服。

3. 私下里偷笑

发出的声音很低是谓偷笑。这类笑容多是别人对于某些人的行为或话语感到有趣儿，但又不能当面表示出来，私下里便会偷笑，或在别人处于尴尬境地时，有人也会偷笑，但这时的偷笑多半是表示幸灾乐祸。

4. 轻蔑的嘲笑

这类微笑很不受人们待见，多被人们所鄙视，但也常常出现在生活中。有些自以为是的人，发笑时仰起头，鼻子朝天，用轻蔑的眼神看着对方，表示对别人的嘲讽。有些有权有势的人在看到地位低下的人时也会轻蔑的嘲笑。但是有些时候，正面的人物也会在面对威胁和恐吓时露出这种微笑，通过此种微笑表达自己内心对邪恶势力的鄙视和自己大无畏的英勇精神。

5. 哈哈大笑

这类微笑在生活中也很常见,通常是豪放和爽朗的表现。人们常常在碰到高兴的事情或者实现自己的某个愿望后会发

出哈哈大笑，以此表示自己内心的喜悦。除此之外，当人们遇到某些情况需要威慑别人时也会哈哈大笑，达到震慑别人的目的。

人们微笑的形式多种多样，但不同形式的微笑内涵各有不同。通常笑是人们内心情感的一种表达方式，笑是一种智慧，当你能够读懂别人的笑时，你便可以了解他的想法，从而采取适当的应对措施。

目光是无声的交流

在生活中我们不难见到这种情景：一个年轻的学生犯错误，低头默默地站立着，旁边坐着一个看着严肃，戴着眼镜的老师，老师从眼镜上方打量着学生，默默思考着如何教育……当你发现别人从眼镜上方打量你的行为举止时，你需要注意，这是别人在对你加以审视，表明别人对你的言行举止的可信度产生了怀疑，这样的面部表情在提醒你要注意自己的言行举止。

眼神的类型多种多样，我们可以通过眼神来帮助自己分析别人的心理和态度。一般来说，人们通过眼镜上方来看人，这是不正视他人的表现，往往这种人的眼神都是冷漠的，携带着拒绝交流的意味，是内心怀疑和戒备的表现。习惯从眼镜上方看人的人，多半性格保守，思想刻板，并且斤斤计较，他们自以为是，轻视一切，对任何人和事物都带有怀疑的态度，往往

这类人有性格上的缺陷，但这类人中不包括戴老花镜的老人，他们这么做只是因为看不清眼前的事物。有时当你经过这类人身边时，他们通常先观察你的头，接着看看你的脚，从眼镜上方看着你，撇撇嘴表示指责和不满，因此你需要注意自己的言行举止在遇到这类人时是否符合规范。

正如米歇尔·阿基利所认为的那样，人们在交流过程中，注视别人脸部的时间约占交流时间的 30% ~ 60%，因此我们在与人交流沟通的过程中，要懂得观察别人的眼神，别人的目光变换可以让你了解他人的性格和情绪。

1. 目光左右闪烁是没有安全感的体现

当人们长期处于不安定或者紧张的状态时，他们内心往往会缺乏安全感，因而出现目光左右闪烁、局促不安的表情。长期在紧张的环境中生活，会让他们越来越自卑，缺乏自信，因

此感觉不到安全，这样长期下去，他们便会开始自欺欺人，严重的可能会患上被害妄想症。

2. 目光不规则移动是心术不正的体现

当别人与你交流时，目光总是不规则移动，说明他三心二意，关注点不在你的身上。他可能是个不正经或者心术不正的人，而你的想法可能是真的，他正在思考如何让你上当受骗。若他是你的朋友，则可能在思索怎样让你上当，通过恶作剧来捉弄你。

3. 翻白眼儿的动作则是轻视和怀疑的体现

当别人与你交流时翻白眼儿，往往意味着他轻视你，或者对你所说的内容表示怀疑，这样的人通常习惯用怀疑的目光窥探别人，这是在通过翻白眼儿的形式来观察你的反应，验证他的猜想。

要知道眼睛是心灵的窗户，我们可以通过观察别人的眼神来了解别人的心理想法，从而做到沉着应对。

眉毛亦是沟通的渠道

除了眼神之外，眉毛也可以透露人们的心理情绪。我们都知道眉毛可以阻挡汗水流向眼睛，但人们的喜怒哀乐也可以从眉毛上“读”出来。

在一次英语作文竞赛中，小云在讲述作文内容过程中发现一位评分嘉宾的一条眉毛一直在轻抬，甚至向上扬起，这样的发现让她感到紧张，对自己的演讲内容也产生怀疑。但在比赛后大家都在议论这位特别的嘉宾，他在所有人演讲时都会扬起眉毛，这让小云对此感到很好奇。

从中我们可以知道,嘉宾并不是只针对小云一人扬起眉毛，故而这个动作不是针对小云演讲的怀疑与探究，大家都有这样的认识，说明这是嘉宾的一个习惯。但通常我们遇到一个人的单条眉毛上扬，往往意味着他对你讲述的内容表示怀疑，并且他在思考你的问题出现在哪里，如果这时他扬起一条眉毛，那么便是他内心疑惑的具体表现。

我们的眉毛通常会随着自己内心的情绪而有所变化，传递出内心的情感。例如，喜上眉梢、横眉瞪眼、愁眉不展、吐气扬眉等，这些成语都流露出自己内心的感情。若你是一个善于

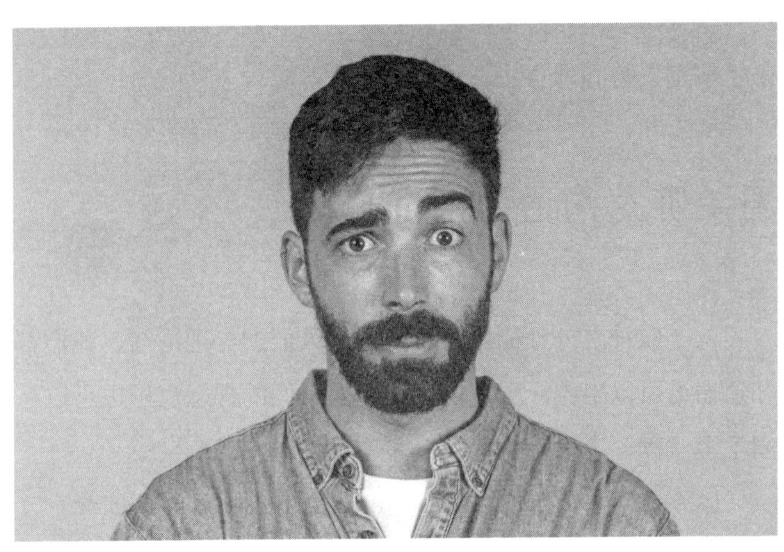

察言观色的人，那么你将不难发现别人眉宇间流露出的情绪，以下举几个生活中常见的细节动作。

1. 低眉

当人们内心产生害怕或不安的时候，往往会低下眉头，用低眉来减少自己受到外在因素的伤害，避免透露自己内心的想法。

有时候光是低眉不足以避免眼睛受到伤害，我们还需要将眼睛下面的面颊向上挤压，通过这种上下挤压的方式来最大限度地保护眼睛免受外部伤害。通常是在人们突然面对强光时会做出这样的反应，但有时大喜大悲时，人们也会有这样的反应。

2. 眉结

所谓眉结是指当眉毛同时向上扬起相互靠近，和眉毛斜挑的情况类似。通常这种眉结表情表示心中有严重的烦恼，多出现在一些有慢性疼痛的患者身上，急性的疼痛通常会导致面部表情扭曲，较缓和的疼痛会出现眉结情况。

3. 耸眉

耸眉即指人们在交流谈话时耸起眉毛，一般多出现于人们的沟通过程中。当他人讲到关键时，多会耸起眉毛来强调他说的话，一些习惯唠叨和抱怨的人通常都会有这种小动作。

4. 抬眉

当人们遇到自己满意的人或事儿时都会轻抬眉毛，来表示自己内心的喜悦，同时通过眼神和眉毛提醒对方。这样的情况在《老友记》中便有记载，主人公乔伊不善言辞，但他善于利用自己的面部表情来表达自己的心理，因而在他遇到自己心动的美女时，他便通过眼神、微笑和轻抬一下眉毛来表露自己对她的好感。这样的沟通方式正是用眉毛交流的体现，他的面部表情给读者留下了深刻的印象。

其实在很久之前人们便已经开始广泛使用耸眉、抬眉等动作了，以前人们相距较远时打招呼就有轻抬眉毛的方式，表达自己的意见时，便会通过耸眉来强调自己的观点。这样的动作可以吸引别人的注意，让别人注意到自己或者是自己讲述的内容。

虽然眉毛只是人身体的一小部分，但它却具有多种功能，如果你细心观察，你将会通过它了解到别人的内心世界。

以手托腮是提醒

很多人都有以手托腮的习惯,实际上是一种替代性行为。通常我们所说的以手托腮，是指用自己的手代替母亲或者是情人的手来安慰自己,这种现象多出现在满腹心事的人身上，他们借此来安慰自己的烦恼，这样的人常常爱幻想，喜欢沉浸在自己的世界里，但这样的情况通常在精力旺盛的人身上看不到。

平日里我们常常见到有人以手托腮，多是在人们的交流过

程中。当你与别人沟通时，若对方以手托腮地听你说话，这就意味着他可能觉得你说话的内容对他而言很枯燥，或者他正思考自己的事情无心听你说话。当这种情况出现在你的朋友身上时，你需要注意，他可能感觉你的话题很无聊，你要懂得适时地切换话题，引起朋友间的共鸣。

也有人将以手托腮转变成自己的习惯，一方面往往意味着这类人经常感到烦恼，对现实世界存在诸多不满，因而常常心不在焉地幻想，希望自己能过上什么都不用做的生活，并且还是自己想要的那种幸福生活，这种“守株待兔”的思想是不切实际的。另一方面，这样的人通常对任何事物都提不起兴趣来，他们感觉生活很枯燥无聊，然后便开始遨游在自己幻想的美好世界中，与现实的差距不断拉大，但由于没有现实世界的诸多干扰，他们的思绪常常很单纯美好，幻想的多是浪漫的故事，当你与他们交谈时，会感受到他们浪漫的情怀。你会感觉他们就像是个以手托腮、爱幻想的孩子，他们仿佛时刻需要大家的呵护，才能守护住那份儿纯粹的美好。但这样的他们会让你感到很脆弱，过度的溺爱会导致他们无法与社会接轨，我们需要拿捏好自己的尺度。因此经常将以手托腮当作习惯的人，需要多反省自己的行为，找出原因，努力调整自己的心态和行为，让自己能更好地融入社会。

除了双手托腮之外，生活中我们还能看到一手托腮，一只手扶着另一只胳膊，或者一手托腮，另一只手贴身放置的人。他们大多有着很强的戒备心理，不愿与人交流。这种情况多出现在那些在幼年时期没能得到父母足够的关爱，与家人接触较少、感受不到太多亲情温暖的人身上，这样的人在与别人交流沟通时，通常都会保持这样的姿势，以此表示自己的怀疑和谨慎。若是你的交流对象不是上述情况，却在交流过程中以这样的姿态面对你，那么他可能是想表示自己的怀疑和对你谈话的内容不感兴趣。

总而言之，当你发现自己的交谈对象总是双手托腮或者是单手托腮，并且心不在焉，那么你就要注意，他可能是个爱幻想的人，你若想和他成为更加友好的朋友，可能需要花费较长的时间，但若你交谈的对象只是有时以手托腮，那么他可能对你的谈话内容没有兴趣，你需要适时转移话题，引起对方共鸣，

才能和对方快速成为更加要好的朋友。

摩拳擦掌分场合

我们通常所说的摩拳擦掌，在成语词典中的意思是形容战斗或者劳动之前，人们精神振奋、跃跃欲试的样子。这是现实中人们生活现状的真实写照，当大家等到一直期盼的某件事时，便会跃跃欲试，通常做出摩拳擦掌的动作来表达自己内心的激动等情绪。

例如，在颁奖典礼上，主持人、颁奖嘉宾以及获奖者都会在颁奖前摩拳擦掌，以此来表示自己内心的紧张和激动，主持人为典礼开始激动，嘉宾为能揭晓获奖者感到荣幸与激动，而获奖者领奖前内心也是忐忑、紧张和跃跃欲试的激动。

你若细心，便会发现这样的现象，当一个人摩拳擦掌的频率和速度有所不同，你可以从中察觉到他内心的情绪变化。当一个人快速搓动自己的双手，往往意味着他很期待这件事的发生，并且希望自己可以完成这件事，或者从中获得什么，在此基础上可知，当这件事快要发生时，他的情绪将是十分急切的。而当一个人慢慢搓手时，则说明他现在可能犹豫不决，或者是对于即将发生或者要做的事感到很紧张或压力很大，因而他慢慢搓手，这是他内心紧张的表现。

我们在分析每个动作所流露出来的含义时，都不能脱离动作发生的背景。

例如，在运动员比赛前的摩拳擦掌可能是在热身，冬天的摩拳擦掌可能是在取暖，歹徒的摩拳擦掌可能是准备实施暴力等。

我们不能一概而论，需要结合具体的情况加以判断。

就东西方而言，摩拳擦掌这个动作含义上近乎一致。通常都暗指人们索取金钱的想法。两个手掌相互摩擦取暖，流露出激动与兴奋的心情，轻揉拇指和食指、中指指尖儿的含义却有所不同。

无论什么时候人们在谈论金钱时，或多或少都会有些不好的联想，故而轻揉拇指和食指、中指指尖儿这样的动作容易引起别人的反感，尤其是那些从事有关金钱或者与金钱直接相关联工作的人，如果不注意控制这样的动作，很难赢得客户的好感。

走路蹦跳是“孩子”

通常来说，走路连蹦带跳的人都有着天真无邪的小孩子般的性格。他们所具有的天真无邪与年龄无关，是属于孩子特有的气质。时而调皮，时而洒脱，时而可爱，时而直率，时而无惧，内心的感情永远真实地表露出来。那些走路连蹦带跳的人，性格大都比较外向，他们十分开朗。当你和天真无邪的他们做

朋友时，你会发觉他们性格热情且率真，行事光明且磊落，具有铁骨丹心的侠义心肠，与这样的人做朋友，你会感觉到世间的真性情，他们往往有着很好的人缘儿，故而可以结交到更多的朋友。

当你看到有些人手舞足蹈、一步三跳、喜形于色，往往意味着他们可能听到了很好的消息后获得了意想不到的收获。但走路连蹦带跳的人，往往都是这样的表现，他们没有复杂的心思，喜欢变化自己从而得到表扬，故而常常如此。对于各类可以出风头、热闹又引人注意的活动，他们很是热衷。因为他们性格外向，自信、开朗的他们往往在各类比赛中都能打动观众和评委，我们经常可以发现，出现在这类比赛领奖台上的人多是活跃的他们。

但如果你因此就以为他们没有一点儿心机便去招惹，那么你很有可能会被他们小孩子般难缠的脾气折腾得人仰马翻，当你惹恼他们后，他们会任性地哭闹，让你感到无所适从，不分地点不分场合，你可能很难下台。

生活中我们也会遇到另一种人，无论你身处何地，你都会遇到这种人。他们不仅走路连蹦带跳，而且横冲直撞。这类人不会顾及别人的感受，无论前方是怎样的场景，只知道长驱直入，过于急躁，处事毛躁不稳重，虽然带着些孩子气，比较直率和坦诚，有着不错的人缘儿，但如此不顾后果的处事，可能会造成无法挽救的局面，这类人在处事前如果能够多加思考，三思而后行，没准儿可能为更多人所欢迎。

在生活中，当我们遇到那些走路连蹦带跳、甚至是横冲直撞的人时，我们要能推断出这样的人多有着小孩子天真无邪般的性格，比较任性，故而我们要适当地包容，善意提醒他们三思而后行。

手持酒杯看姿态

在酒桌上喜欢喝酒的人总是可以交到很多的朋友，他们往往碰到一起后，便感觉惺惺相惜，所谓“酒逢知己千杯少”，酒接二连三喝下去之后便道相见恨晚，知己难求，这样酒过三巡后便结交为朋友。人们常说“无酒不言商”，其实有许许多多的大生意都是在酒桌上达成一致的。大家通过敬酒喝酒来加强彼此的交流与联系，此时的酒已经成为大家情感的维系物、感情的润滑剂，大家都成了“酒后”知己。

如果你是个有心人，那么你仔细观察便会发现，不同人持酒杯的手势和动作各有不同，通过分析持酒杯的姿态，我们可以得到很多有用的信息。例如，当你参加一场晚宴时，大家都在喝酒，你会发现有些人习惯把手放在酒杯的中央，这样可以维持酒杯的平衡，通常这类人都是典型的和事佬儿，他们友好亲切，有着良好的人际关系，因不善于拒绝他人故而常常吃亏。而有些习惯于用两只手握住酒杯的人，通常比较孤僻，他们不愿主动与别人说话，但他们又比较渴望和别人沟通联系，却很

难融入别人的圈子，因而通常感到孤寂。

心理学家还曾研究发现，通过观察别人握杯子的姿势，可以对别人的心理和性格加以判断，通过以下几个例子加以分析。

1. 喝酒时喜欢紧紧抓住酒杯，用拇指按住杯口

这类人通常扮演和事佬的角色，他们来者不拒，不善于拒绝别人，杯子被抓紧说明他们爱喝酒，常常一饮而尽，对于大家的敬酒和要求，他们如好好先生一样，不会拒绝，因而当条件允许的情况下，他们会一醉方休。但是这样的性格比较容易吃亏，可能酒后误事。

2. 喝酒时用力握紧杯子，用拇指顶住杯子边缘

这类人通常比较机智，他们能够机智地应对别人的敬酒，技巧地回避太多的敬酒，他们的饮酒量每次通常保持一定的底线，有很好的自控能力，在自己不愿意喝醉的情况下，别人也没有办法劝酒，不会酒后误事，能保持清醒的头脑。

3. 喝酒时习惯紧紧捂住杯口

这类人通常比较内向，他们以此动作来试图掩盖自己的内心，不愿与他人交心而谈，这样的举动通常说明他们是虚伪的人。他们不愿在别人面前暴露自己的想法，害怕酒后的行为会引起大家的注意，过于注重大家的目光，担心大家对他的看法会发生改变而感到丢脸。

4. 喝酒时喜欢用高脚杯，并且食指向前伸

这类人往往与众不同，他们想在宴会上表现自己的高雅情趣。但实则他们内心想要追求的是金钱、权势与地位，比较贪婪。

总而言之，只要我们细心观察，便可以通过人们在酒桌上推杯换盏的姿势判断出别人的心理与性格，从而了解他人的大致品行。

SECTION

第七章

肢体语言表明真相

当我们跟别人谈话时，我们怎样才能判断他是不是在说谎呢？千万不要听信别人说的话，而是要通过一些具体的身体语言来判断。因为他说的话有可能是提前编造好的谎言故意来骗你的，但是身体语言是怎么也控制不了的，不管他的谎话说得多么圆满，身体某个部位终究会暴露他的谎言。

身体不会撒谎

人际沟通中包含许多不同的方面，其中，最重要的是言语和非言语沟通。在言语沟通里，最主要的两种方式是口头语言和书面语言。非言语沟通主要包括眼神、手势、语调、触摸、肢体动作和面部表情等显性行为，还有通过空间、服饰等传递出来的非显性信息。人们认为口头语言是最重要的，也是最直接的交流。但是，语言是人刻意说出来的，并不可靠。有的时候还能蛊惑人心，比如这样一类人他们当面恭维你、夸奖你，但却在背后捅刀子。像这种两面三刀的人很多，因为人们为了达到某种目的，刻意地去修饰自己的语言，甚至不惜靠说假话来骗你。与这种人交往时，如果多留意一点儿，你就会发现他言不由衷的声音和排斥他人的动作。也就是说，他嘴上说的和做的完全不一样。在这种情况下，你应该相信哪一种呢?

最好的建议，就是相信他做的，也就是他身体发出的动作。因为人身体的动作是自发的，很难去加以控制，就算有的人想通过长期训练来控制自己的身体，也是非常难以做到。人们的身体语言非常复杂，你刻意掩盖了这一个细节，那你掩盖的东西就会在另一个方面表现出来。

言语往往和真实想法不一样，可能是谎言。一般来说，身体语言是不会撒谎的，更不会出现口是心非的现象，身体语言

比经过理性加工的有声语言更能够体现一个人内心最真实的情感和欲望。身体先会对我们的感觉和情绪做出基本的反应和判断，然后才会做出具体的姿势。总的来说，身体语言更符合人们的内心活动。有声语言和身体语言的主要矛盾是逻辑——数字化程序与自身本能之间的对立，或者是经过定型化训练后和本身内心活动之间的对立。如果我们没有办法在两者对立的时候做出一个选择，就会产生一个矛盾。比如说，当一个人问别人需不需要让他准备啤酒时，他自己却坐在椅子上一动不动，可能没多少人相信他真的愿意去准备啤酒。因为他如果真的愿意，最起码有一定的行动，比如说从椅子上站起来。再比如说，当一个人想逃避别人审视自己的目光，或者掩盖自己很尴尬的状态时，往往都会故意避开对方的视线。其实这种逃避倾向和

害怕暴露自己想逃避的意图，又让自己的逃避动作受到了一定的限制。

从这里我们可以明白，虽然我们的身体能控制一些部位的动作，但是不能同时控制身体所有部位发出的动作，所以当我们内心的想法和有声语言发生冲突时，心里的想法就在失控的部位中表现出来了。

所以，就像精神分析学派的鼻祖弗洛伊德说的那样，要想真正了解说话者的意图，光凭借有声语言是不够的。因为有些语言往往把说话中真正想表达的东西隐藏起来。想要真正了解说话的人话里的意思，就必须把有声语言同身体语相结合。

二十世纪五十年代，加利福尼亚大学洛杉矶分校的心理学教授阿尔伯特·梅拉宾在《沉默的语言》中说明：能用声音表达人的感情和态度的比例不到百分之四十，但是肢体动作能达到百分之五十，由此可见，身体语言起着主导作用，虽然大多数研究人员非常注重在日常表达中的身体语言，但是人们并不关心。

还有神奇占卜术也可以解释身体语言的作用，对于一般人来说，可能没有办法理解一个占卜者是怎么知道你那么多的事儿，所以人们会认为就是一种灵异的本领，但是根据美国学者的研究，这些占卜者运用了一些读心术来读懂对方的心思。

从某些方面来讲，那些具有丰富经验的占卜者是能够识别身体语言的大师。很多拜访过那些“神算子”的人在离开之后

都会这样想："真的太假了，我什么都没说，他却知道我家有多少人，我现在的心情，还有我曾经失败的经历，他全都知道，简直是'活神仙'了。"

其实真正的情况并不是这样，虽然你没有开口跟占卜者说自己的情况，但是身体语言在不知不觉中已经把你的消息传递给了他。比如说，占卜者看到你的嘴角上扬，脸往上抬，眉毛平展开来，眼睛变小，就可以判断你现在的状态比较愉悦；看到你嘴角下垂，脸朝下看，眉毛紧锁，呈倒"八"字，就可以判断出你现在不开心。他给你算命的过程中，占卜者若看到你的眉毛上下移动，就说明你很赞成他说的，他就会沿着这个思路继续讲；他如果看到你一条眉毛上扬，就表示你在怀疑他说的内容；如果看到你一直都皱眉头，就知道你是不赞成的，他就会往另一个反方向继续为你算命。

有一份研究讲的就是关于占卜者的，其中，很多有经验的占卜者都会使用叫冷观解读的技巧来给别人算命，这种准确率高达百分之七十以上。研究人员发现其实事实并不是这样的，冷观解读技巧，并不能完全知道一个人的前世今生。它只不过是占卜者在对客户的身体语言进行分析后，再注入自己对人性的了解，运用一些概率知识做出大概推断。

一定要记得，身体语言才是绝对真实可靠的。它能够反映出每个人最真实的想法，是说不了谎的。身体语言在人们沟通和交流中占有重要的地位。所以，如果你能够掌握一定的身体语言，你也可以当一名占卜师，完全能够读懂别人的心思。

瞳孔放大，往往隐藏了最真实的想法

仔细观察，我们不难发现瞳孔的变化是最能真实地反映一个人情绪变化的标志，因为人类瞳孔的变化完全是脱离人们主观意识的控制，是下意识的反应。人们的瞳孔会根据情绪的变化来放大或者缩小。所以不管说谎的人演技有多么高超，他都掩盖不了这一点，瞳孔的变化是人们控制不了的，所以我们只要密切注视对方的瞳孔，就能够判断他是不是在说谎。当我们对周围的事物或者别人说的话是有浓厚兴趣的时候，我们的瞳孔会自然而然地放大。如果一个人的瞳孔变化和脸上所表现的情绪不符合，我们就应该怀疑他说的到底是不是真的。警察在破案中往往会采用这种方法，特别是在询问犯罪嫌疑人时，警察想知道他和另一位嫌疑人是不是认识，他就会把很多张照片一张一张地给他看，这些照片里只有一张是目标人物，如果疑犯看到目标人物的照片时瞳孔自然放大，警察就可以根据他观察到的这个细节来断定他和嫌疑人之间一定认识。

瞳孔和谎言的关系在俄国有一个故事里面也可以得到体现。

有一个叫卡慕的俄国人在其他国家被警察抓到了，沙皇政府要求引渡他回国受审讯，他自己很清楚，根据法律规定，回到俄国就会被处以死刑，所以他把自己伪装成一个疯子，想

通过装疯卖傻逃避死刑。他出色的演技骗过了很多有经验的医生，最后他被送到了德国当地非常著名的医生那里做检查。这位医生把一根儿烧红了金属棒放在他的手臂上，想通过这个来检测出他是不是真的疯了，为了逃避惩罚，卡慕忍着巨大的伤痛，没有发出一点儿叫声，脸上也完全没有疼痛的表情。但是他的瞳孔因为巨大的恐惧和紧张，不自觉地放大了。聪明的医生看到了这个细节，一下子就断定了，他是一个正常人，而不是一个疯子。

从这个故事里我们可以看到，一个骗子无论他的演技再怎么高超，可能他侥幸地骗过很多人，但是他瞳孔自然而然放大是完全掩盖不了的，故事中的医生就是利用瞳孔和恐惧之间的联系，发现了卡慕的破绽，反过来说，人们也可以利用瞳孔的变化和亢奋的情绪之间的联系来识破谎言。

第二次世界大战期间，盟军反间谍的机关抓到了一个十分可疑的人物，他说他自己来自比利时的北部，是一名流浪汉。但是这个流浪汉的言谈举止与普通人完全不一样。他的眼神里有一种机灵、狡黠，一点儿都不像普通老百姓眼里的那种纯朴、老实。法国反间谍军官吉姆斯是这次审讯的负责人，怀疑他是德国的间谍。

第一天的审讯，吉姆斯问他：“你会数数吗？”流浪汉点了点头，就开始用法语数数，他数数非常熟练，没有一点儿漏洞。甚至在德国人最容易出错儿的地方也没有出一丝纰漏，

就这样他轻松地过了第一关。

吉姆斯又精心设计了第二关，他让哨兵用德语大声喊："着火了。"但是，流浪汉就像完全听不懂德语一样，脸上没有任何表情，一动不动地坐在椅子上。吉姆斯心想这个间谍真是不简单。

第二天的审讯开始了，士兵将流浪汉押进了审讯室。他还是一副无辜的样子，脸上没有任何表情。吉姆斯看到他进来后，坐在椅子上假装非常认真地读完了一个文件，然后用德语说："好了，我知道了，你的确就是一个普通的农民，现在你可以走了。"

流浪汉一听到这句话，还以为自己高超的技术骗过了吉姆斯，不自觉地卸下了防备，然后抬头深吸了一口气，瞳孔不

自觉地放大，眼睛里闪过了一丝兴奋。吉姆斯从这个很短暂的表情里面看出了端倪。立马就断定这位流浪汉一定懂德语，之前全部都是假装的，他抓住这个细节，对流浪汉进一步地审讯，终于揭穿了他的谎言。

所以说，瞳孔放大必然和恐惧兴奋的情绪有一定的联系。哪怕别人的身体一动不动，没有说一句话，我们也可以从瞳孔的变化来发现他想要隐藏的情绪，从而进一步揭穿他。

说的和做的不一样，行动暗示出真相

人类大脑的边缘系统是非常诚实的，所以，边缘系统控制的肢体行为能够真实地反映内心的想法，这些动作是人主观意识控制不了的自发的行为。我们能够通过身体语言来判断一个人是不是在说谎，主要的原因就是谎言行为本身具有复杂性。看起来很简单的一句谎言，想要做到滴水不漏，让别人相信，其实需要动员全身的器官来完成。所以不管一个人的口才多么好，说谎技术有多么高超，他的肢体最终都会“出卖”他。

我们在说话时，往往同时在有意识和无意识两个层面进行交流。而说谎的人集中精力在编造谎言，要怎么流畅地回答问题上面，所以很难控制自己的身体语言。因为人们在交流中同时传递这两种信息，所以说谎能不能成功的关键，主要看说谎的人对有意识和无意识这两种信息的表达控制得是否得当。讲真话的人，有意识表达和无意识表达是一致的，如果语言和动作之间有一个不协调，我们就可以怀疑他是不是撒了谎。因为在这种情况下，我们很难控制无意识的表达，也就是说话的姿势和动作，这些才能够表现他最真实的情感，不过，如果动作和语言相互矛盾，那么他说的就可能是假话。

生活中这样的例子非常常见，比如，有些人拿感冒当借口跟领导请假，但是下楼梯的步伐却非常轻快；嘴上说不是，但却情不自禁地点头；有的人嘴上说夸奖你的好话，但是两个拳头却紧紧地握在一起，其实就是讨厌你的行为。

乔艾琳·狄米曲斯是一名担任过很多案件的法庭审判顾问，他在《读人》的书中提到过：当他挑选陪审员的时候，负

责律师的妻子流产了，他向法官请一天假，想陪在妻子身边，但是法官拒绝了，因为会影响工作，但是后来，律师不得不走，他把工作安排给其他同事就离开了，这个时候法官叫同事向律师的妻子问好并祝福。

艾琳发现，单从表面上看法官的话里好像是充满了同情。但是艾琳注意到了他说话的动作和神情，根本都没有一点儿点儿的同情的意味，他的脸上没有一点儿表情，手里忙着看其他的文件，这就说明他一点儿都不关心律师和律师家人的状况。过了一会儿，法官因为一件小事大吼陪审员。从他话里感觉到他很生气，但是他的肢体语言却暴露了他真正的情绪，他的身体没有向前倾，没有任何的手势或者脸红，这就表明了他其实只是在利用言语来恐吓别人。因为找不到适当的理由去说服。

在时间点不对的情况下，语言和肢体也是自相矛盾的。这就和假装生气是一个道理，如果一个人假装生气之后，他会用手很大声地捶桌子，或者是故意地挥胳膊，起到强调的作用。让自己看起来好像真的在生气。其实这些事后的动作只是刻意去做的，并不是内心的想法。

所以，我们在听别人说话时，要格外注意他的肢体动作。同时还要拿肢体语言和说话的动作和内容进行比较，才能够看出一个人真正的动机、想法。除非他的肢体语言和说话的内容是相符合的，要不然就是在刻意地掩饰，那我们就要仔细地去观察线索。

鼻孔变大是情绪变化的体现

曾经有位专门研究身体语言的学者，他为了弄清楚鼻子的“表情”问题，在车站码头、机场等不同的地方观察了很多人的鼻子变化，还做了一次观察“鼻语”的旅行。他发现人的鼻子是会动的，如果你在和他人沟通的过程中，发现鼻孔扩张，这说明他情绪高涨激动，可能处于兴奋得意或者是非常生气的状态。从医学角度上看，人们在兴奋生气的状况下，呼吸和心跳都会加速，引起鼻孔扩张。不单单是人类，动物有时候也会通过鼻子来表达自己的情绪。如果仔细观察，我们会发现在动物世界里，大多数的动物喜欢用龇牙或动鼻子来传递攻击的信号，黑猩猩就是一个很典型的例子。这种灵长类动物生气的时候，鼻孔往往扩张得很大。从心理学上讲，它们情绪高涨，像是在为战斗或者逃跑做准备工作。

除了鼻孔扩张的信号外，歪鼻子还表示不信任，抽动鼻子说明他很紧张，哼鼻子往往含有排斥的意思。当鼻子闻到很重的香味儿，或者刺激的气味，鼻孔也会有不一样的变化，严重时整个鼻子都会微微地颤动，还会不停地打喷嚏。

研究还发现，高鼻梁的人多多少少都有一些优越感。他们非常容易情绪高涨。在影视界里，我们可以看到很多女明星都处于这种状态，和这些高鼻梁的人打交道比和低鼻梁的人打交

道更难。当人们在思考一些问题或者比较疲劳的状态下，会不自觉地用手去捏鼻梁来放松自己，这些鼻孔的变化、触摸鼻子的不同动作，是人们了解身体语言非常关键的地方。

鼻子的变化也或多或少地为解读别人的内心提供了一些参考，能够方便我们透过鼻子一些微小的变化来看到更多不为人知的身体语言。下面这些都是鼻子不同部位的反应所代表的意义：

1. 鼻头冒汗珠儿

这说明对方心里焦躁不安，或者紧张。说明他个性比较要强，做事急于求成。是因为心情紧张才导致鼻头不自觉地冒汗珠。

2. 鼻子泛白

这表明他心里恐惧，或者有所顾忌。如果他不是你的竞争对手，或者跟你没有金钱方面的关系，那鼻子泛白就可能是犹豫不决的心情导致的。除此之外，人们在自尊心受伤、心中有疑难困惑、遭遇尴尬的情况时，或者有罪恶感的时候，也会出现鼻子泛白的情况。

3. 鼻头儿泛红

这种情况往往和你的健康状况有关系。如果你长期饮酒，过量地吃辛辣食物，长期处于情绪紧张激动的状态，可能还会有皮肤过敏。除此之外，鼻头发红也有可能是心血管疾病或者肝功能异常的一些暗示。但是如果一个人的鼻子呈现蓝色或者棕色，要格外注意胰腺和脾脏，去医院检查看看哪里是不是出了问题。如果鼻头儿发黑，并且很干枯就说明是你过度劳累，应该找个时间放松下自己。

由此我们可以得出结论，鼻子虽然是人体五官中最缺乏运动的部位，但是它也有自己的语言。这样当你再次观察一个人的时候，我们可以从鼻子语言开始观察。

眼睛看别的地方，往往心里都很慌乱

大多数说谎的人，心里多多少少都会有愧疚感，还有担心谎言被揭穿的恐惧，这些愧疚和恐惧都会从他们的眼睛里流露出来，比如说把头偏向一边儿，最大限度地避免与别人的眼睛对视，或者是低头不看对方。这些身体信号都说明了这个人不够坦诚，因为如果在说谎的时候和别人对视，自己的紧张情绪就会反应在眼睛里面。所以那些说谎的人本能地逃避对视，转移视线，来消除自己的紧张情绪。

避免直接的眼神接触或者很少去直视对方眼睛，这就是欺骗最典型的特征。人们在潜意识里觉得，别人可以从眼睛里看到自己的心思，所以很多人会尽力避开视线，减少和他人的对视，因为心虚，所以不情愿直接出现在你面前，往往眼神非常闪烁不定，或者是不停地眨眼睛。我们在电视里经常可以看到这样的片段：当一个人怀疑别人在撒谎时，会对那个人说："看着我的眼睛，告诉我，到底是怎么回事！"那个人往往是把头

低下或者扭到一边，根本都不敢直视对方。因为眼睛非常容易泄露谎言，长时间躲闪的目光也是对方在说谎的典型标志。

其实揉眼睛也是另外一种避免眼神接触的方法，当一个小孩子不想看到他不喜欢的人和事情的时候，他可能会用一只手或者两只手不停地揉自己的眼睛。成年人也是一样，他们看到让自己不开心的事情时，也会用手揉眼睛，假装自己看不到。揉眼睛这个动作是大脑本身不想让眼睛看到欺骗等一些不好的东西,或者是不想让自己在撒谎的时候和别人还有眼神的交流，怕自己的谎言被别人发现。通常来讲，一个男性撒谎时，他可能会用力揉眼睛，如果这个谎言撒得比较大，男性一般会把眼睛往下看，以此来转移视线。女性撒谎不会像男性那样用力，揉眼睛而是简单地揉几下，然后把头往上扬，避免和对方有眼神上的接触。

很频繁地眨眼是说谎的另外一个标志，科学家通过暗访发现了人们在正常的放松状态下，眼睛每分钟会眨六到八次，但是这种间隔在不正常的状态下是会发生改变的，非正常的状态就是说在你的情绪有较大的起伏,比如说因为说谎时过于紧张，你眨眼的频率就会提高很多。撒谎的人心率波动比较大，承受着害怕谎言被揭穿的压力，在这种压力下，说谎的人也许能够控制自己的口头表达，但是很难控制自己的身体语言，面临巨大压力，就会不自觉地眨眼。

当一个人心理压力突然变大的时候，那么眨眼的频率就会提高很多。比如说，当一个正常的人说谎时，他会有害怕自己谎言被揭穿的恐惧，所以他说完谎后，自己的心理压力会变大。相应地，眨眼的频率就会显著增加，高达每分钟眨眼十五次。所以在一般情况下，当你跟别人谈话时，如果发现他老是不停地眨眼睛，说话也结结巴巴的，这个时候你就要格外地注意他是不是撒谎了。

英国人类学家戴斯蒙德·莫里斯还用自己亲身的经历来论证这个言论的真实性，他在警察审讯的过程中发现，当人们故意说谎，或者掩盖了自己某一种真实的情感时，他们眨眼睛，眼睛闭上的时间比他们说真话的时间更长。这是另外一种逃避眼神交流的方式。不知不觉，说谎的人在眨眼睛的时候故意延长闭上眼睛的时间，就仿佛给自己关上了“一道门”，通过这种方式来减缓自己的内心焦虑，或者因为说谎带来的愧疚感。

外表反映人的内心世界

人的外表、长相都能透露出人的性格特征。人的外在形象和内心世界是相辅相成的，我们常常可以从一个人的外表来判断他的思想和灵魂。我们在无意之中能够洞察别人的内心世界和他们的人生态度，并且会选择那些与我们“三观”相同或相近的人交往。反之，那些隐藏得很深的内心世界，以为只有自己才能够知道的思想、人生观、价值观等，都会通过我们的表象向外渗透。

发型是识人的风向标

从一个人的外表装扮及行为举动，我们能够看出他的性格和内心世界。很多人都会精心梳理自己的头发，变换不同的发型。一个人的发型从某种程度上来说，也体现了一个人的内心世界。

1. 头发硬度高的人

这种人大多做事有板有眼，很有分寸，懂得发挥自己的长处。他们有理想，有抱负，是干事业的人。

2. 头发乌黑且浓密的人

这种人情感细腻，有远大的抱负，工作作风细腻，内心世

界丰富，但是很容易相信别人，这是硬伤。

3. 发丝较细、谢顶的人

这种人待人看似分外热情，称兄道弟，实质心机很重，周身弥漫着虚伪的假象，别人不容易看透。

3. 头发油光可鉴的人

这种人内心十分注重自我的外在形象，希望给别人留下好的印象。毛病是喜欢在鸡蛋里挑骨头，与人不易相处。

4. 发型随意的人

这种人大多不看重外表，喜欢内在的感知。他们拼命工作，渴望成就感。

5. 喜欢剪短发的人

这种人以自我为中心，说话直来直去，不太考虑别人的感受，给人的感觉是比较骄傲的，如果认清这一点，还是比较好相处的。

6. 留时尚发型的人

这种人喜欢追赶潮流，梳理不同风格的前沿发型，属于第一个吃螃蟹的人。他们事事都想超前，渴望得到别人的赞赏和羡慕，人际关系较好。

7. 与生俱来的鬈发的人

这种人个性较强，有自己独特的想法，不会主动去迎合别人。但他们心口不一，精于算计，有时候会给人带来小小的惊喜。

9. 容易掉发的人

这种人责任心很强，做事认真，从来不需要领导督促，是完美主义的追求者，但往往英年早逝。

从领带看性格特征

领带，是男人的“三宝”之一。领带对于男人来说，就像衣服对于女人一样。是一种格调，其人品禀性、性格特征从领带上就可以看得一清二楚。

通常情况下，领带的结很小很紧，像个铜钱一个紧紧扣在脖子间，说明这种人性格比较孤僻，谨言慎行，气量较小，缺少大格局，喜欢物质享受，对别人不真心，比较抠门儿。

领带结大小适中，会给人一种比较舒服的感觉。一般情况下，这类人心胸比较开阔，为人比较热情，热爱生活，待人接物彬彬有礼。当然，有些人会自我感觉良好，对待下属要求过严，给人压力较大。

还有一种人领结打得比较大，穿衣打扮比较入时，温文尔雅，风度翩翩，妙语连珠，拥有非凡的亲和力，在社交场合备受女人的青睐。

有些男人虽然也打领带，但自己却不会系，需要别人帮忙。这类男人思想积极向上，心胸豁达，不拘小节，性情随和，喜欢把自己最好的一面向他人展示出来。但他们不喜欢把宝贵的时间和精力浪费在打领带结这种无聊的小事儿上。

还有一类男人穿西装从来都不打领带。他们没有打领带的

习惯，衣服穿得很随意，看上去非常潇洒。这类人的衣着折射出他们不喜欢各种规则，喜欢追求人的天性，原意和朋友交往的性格特点。

衬衫的颜色密码

衬衫，是男人的三大法宝之一。没品位的男人穿衬衫也不会讲究，成功的男人都喜欢穿质地良好的衬衫。

经常穿纯色衬衫的人，比较循规蹈矩。而经常穿花纹、花格子或花色衬衫的男人，大多心思活络，想展示自己的与众不同，比较自负、聪明、风流。经常穿蓝色衬衫的人，大多喜欢文学艺术；经常穿黄色衬衫的人，大多从事音乐及设计等工作；经常穿鲜黄色衬衫的人，占有欲比较强，和他相处，得有包容心才行。

A. 白色衬衫

这是衬衫世界最经典的颜色。经常穿白色衬衫的人，大多是银行职员、公职人员，本分，老实。另外，政府将它作为一种规定的服饰，起到了制式统一的作用。

B. 黑色衬衫

这种黑色衬衫穿在身上，常常给人一种很酷的感觉，如刘德华、张学友、黎明、郭富城“四大天王”就喜欢穿黑色衬衫。另外还有爬山的人或运动员也喜欢黑色衬衫。这类人具有共同的性格特征，那就是精力充沛，有着强烈的支配欲。

C. 灰色衬衫

灰色衬衫，显得土气、低调、规矩，基本上是老年人的常备服装。经常穿灰色衬衫的人，性格大多内秀，不喜欢张扬，心里的秘密也不愿意与人分享，一个人有时候坐在座位上能思考大半天。

D. 褐色衬衫

褐色衬衫，通常情况下看上去好像是地摊货，和冬天枯死的树皮相类。经常穿褐色衬衫的人，基本上都是学贯中西、才高八斗、不修边幅的高级知识分子。他们在通往科学顶峰的道路上吃尽苦头儿，白了头发。

E. 红色衬衫

这种颜色的衬衫，红得像火，给人一种热情洋溢的感觉。喜欢穿红衬衫的人大多是工人，或者舞蹈演员，自我表现欲强烈。

F. 粉红色衬衫

这种颜色的衬衫大多是年轻女子的服饰，粉得像霞，非常好看。她们大多心思单纯，为人善良。

G. 橘红色衬衫

经常穿这种衬衫的人，喜欢引起别人的注意，对异性充满了渴望。

H. 米色衬衫

这种颜色的衬衫，大多为刚走上职场的大学生所穿。他们

对社会充满好奇，富有强烈的上进心。

I. 紫色衬衫

紫色是一种富贵颜色，过去只有富贵人家才有资格穿紫色服饰。现在不仅艺术家，还有一些中年人也喜欢穿，反映了他们内心的孤寂。

J. 淡蓝色衬衫

淡蓝色给人非常舒服的感觉，喜欢淡蓝色穿着的人，基本上都是爽朗、平和、平凡的人。他们热爱工作，勤勤恳恳，非常敬业，一般是流水线工人或者物业公司员工的穿着。当然这也是公司的要求。

K. 格子衬衫

一般人不太喜欢穿这类衬衫。喜欢穿格子衬衫的人大多希望自己在精神上得到安慰。

L. 花衬衫

这是男性、女性都喜欢穿的一类衬衫，看起来比较活泼、大方。

M. 绣英文字母的衬衫

我们在商场、火车站售票厅、电影院经常会看到衬衫后背、前胸口袋、袖口、上臂处绣有英文字母的现象，这给人一种时髦、自信的印象。

神奇的化妆术

爱美之心，自古有之。敷粉、描眉、胭脂、贴花，是最常见的古代化妆术。“洞房昨夜停红烛，待晓堂前拜舅姑，妆罢低身问夫婿，画眉深浅入时无。”描述了中国古代新娘子化妆的过程。

不要以为化妆是古代女人的专利，现代的女子也十分爱美，只是她们化妆的手法和步骤和古代略有不同罢了。无论化妆要花多少时间，其实很多时候都是出于自尊和受尊重的需要。

1. 化妆使自己心情更美好

化妆是为了使自己在众多佳丽中脱颖而出，希望自己艳丽逼人，得到老板或者上司及他人的赞赏或者青睐。现在的女性对化妆的理解更上一层楼。她们认为化妆已经不仅仅是

为了获得别人的赞美，而是希望在大街上、办公楼走廊面对任何一面镜子或者橱窗的倒影儿时，能够驻足定睛几分钟，给平静或者灰色的内心来点儿刺激：“嗯！今天看起来还不错。心情美美的！”以此来肯定自己，安慰自己。

2. 学会坚强

《彩云国物语》这样评价女孩子化妆的作用：精致的妆容是女孩子的战袍。女孩子们在奔赴战场之前一定要化妆，好好收拾自己，那样就绝对不许哭。假如哭了，化好的妆会被流淌的泪水弄花掉，这个时候无论化得有多淡，脸都会因泪水而变得很丑。因此女人为什么要化妆，就是为了在无数个想哭的瞬间能忍住眼泪告诉自己：花了很长时间打理好的美妆一定不能花！所以无论面对多大的挫折、多大的困难，女孩子们都绝对不可以哭哦！一旦哭了，那张看起来很美好的脸会变得很难看。

3. 化腐朽为神奇的化妆技巧

“世界上只有懒女人，没有丑女人。”这句话说得一点儿不错。化妆不但能让女人变美，还可以大大提升女人的气质，而且有时候化妆也是对自己和对男人世界的一种尊重。所以我们在不同的场合，就要准备不同的妆容，如在办公室就要化职业妆，在参加婚宴、聚会、年会等就要化浓妆，平时休闲逛街的时候就要化淡妆等。

每个人都要工作，下面我们就来谈谈上班族的职业妆。

首先，职场女人得明白化妆是一种修饰，可重点运用肤色和五官的优点来掩饰面部的瑕疵。精致的化妆就像锦上添花般增添个人的姿色及风采。而且在办公室这样的环境里，适度地化妆可使个人成熟干练的形象显得突出，还可以加深别人对你的好感。

怎么来化职业妆呢?

粉底。面部肤色是整个化妆的基础。职业妆应选择接近自己肤色、中低遮盖度的粉底，这样更显得妆容的自然。每个人至少要准备两种深浅不同的粉底，以便随着季节的变换和肤色变化来修饰自己的面庞。

眉形。“两弯似蹙非蹙笼烟眉，一双似喜非喜含情目”，把女人的眉毛刻画得栩栩如生，富有情感。然而，这种境界的眉毛对大多数人来说是不容易画的。画眉毛是上眼妆的第一步，因为眉毛可以界定眼睛的范围，而且可以强调眼部。修饰眉毛没那么复杂，在不改变眉形、维持原来自然的眉毛线条的前提之下，重点拔除眉毛下边儿眼盖上的杂乱毛发就行了。值得注意的是，修整时千万不要拔除眉线上方部位的眉毛。因为眉头始于眼头，眉毛太垂就会造成萎靡不振的印象。

接下来我们再看看眼影。画眼影的重点是眼影应在鼻翼、外眼角及眉毛末梢这三个点的一条线上，千万不要超出这条线以外。画得太多，眼睛看来会不灵动。如果嫌眉毛不够修长，也可以根据这三点组成的一条线来延长眉毛。当然眼影的颜色调和技巧非常重要，一次只能擦一点儿，慢慢加深。画眼影时如果要平衡眼部突出的部位，或修饰眼睛的形状，可以选用浅色、深色或不发亮的眼影；如果要对比来强调深陷的部位，可

以选用具有较高明暗度的白色、淡色、亮色眼影。

4. 妆容和服装搭配

经常化妆的你有没考虑过妆容也是需要和服装相搭配这个问题呢？只有全都搭配得当，才会打造出最佳的造型效果。

如果你确定要穿蓝色服饰，这时候在化妆方面宜用粉红色系的粉底、蓝色眼影、咖啡色眉笔、玫瑰红色胭脂、稍暗的珊瑚色唇膏和比唇膏稍浅的同色系指甲油。

如果穿红色服装，可以用粉红色的粉底打底脸部的底色，眼影用灰色，眉笔用黑色，胭脂可用玫瑰色，唇膏和指甲油则用深玫瑰色。这样会使人的气色看起来红润一些。

穿绿色服装时适合用黄色系粉底。眼影适合用深绿色或淡绿色，眉笔适合用深咖啡色，胭脂适合用橙色，唇膏及指甲油也以橙色为主。颜色搭配得好坏，最能表现一个人对服饰的鉴赏能力。舍弃个人主观的喜好是职业妆的注意事项。

鞋子，是女人心灵的镜子

现代人穿的鞋子多种多样，有布鞋、凉鞋、皮鞋、靴子、木屐、草鞋等，不一而足。鞋子的发展历史，某种程度上也就是人类社会的发展历史，人类文明的发展历史。在历史演变的过程中，人们对鞋子的要求不仅仅是取暖、舒服那么简单了。人们还要求鞋子美观、大方、简洁、高贵、有个性等。对女人

而言，鞋子还跟自己的个性喜好有着千丝万缕的联系。那么，鞋子与衣服该如何搭配呢？

A. 高跟鞋

有一个高跟鞋理论是这样讲的：女性鞋跟高低的流行趋势能反映当下社会经济的发展程度。高跟鞋在塑造女人的臀部、腿部、腰部起到了突出的作用，使女人的曲线更美，走路更加婀娜多姿，能增加女性身材的魅力，使男人们变得更加兴奋，能轻易得到更多男人们的崇拜。所以女人们即使腿部肌肉会受伤，也会乐此不疲。

B. 平跟鞋

世界上只有两种女人：穿高跟鞋的女人和穿平跟鞋的女人。喜欢穿平跟鞋或坡跟鞋的女人，是一种很淡然的女人。

她们没有过高的奢求，只希望自己过得舒坦，从来不去追求什么远大的理想，容易知足，并且认真地享受每一个小小的幸福，沉浸其中。

张爱玲曾经说过，每个男人的心中都有两种女人：红玫瑰和白玫瑰。红玫瑰就是穿高跟鞋的女人，白玫瑰就是穿平跟鞋的女人。穿平跟鞋的女人，她们没有惊艳，只有平淡喜人，在感情上很认真、很专一，绝不随便玩弄感情，对感情负责，是一种很可靠、安全的女人。

C. 系带子的皮鞋

在美丽的夏天，化上好看的淡妆，涂上闪闪发亮的指甲油，去美发店做个今年流行的发型，穿上随风飘逸的裙子，背上一款时尚的手提袋，这个时候，要显现女人妩媚的气质，有一双系带子的皮鞋就足够了。

这类女人大多数非常细心，而且不怕麻烦。她们喜欢按照既定的程序或者规则来做事，而且有始有终，不喜欢被别人打断工作的节奏。否则她们就会认为这是对人格的不尊重。

所以这类女人容易得到上司的赏识，会比别人容易得到更高的职位和薪水，工作的压力也水涨船高。在现代竞争的环境下，她们不得不经常和男人们一样 PK，因此她们常常感到疲劳，希望自己的另一半或家人来关心她们，给她们爱抚和安慰。

D. 花式鞋

花式鞋轻巧、华丽，颜色相当强烈，容易吸引人的眼球。

喜欢买花式鞋的女人，从心理学上来分析，她们大多留心、追逐时尚潮流，喜欢把自己装扮得漂漂亮亮的，每天可能得花一两个小时来梳洗打扮；或者经常去逛服装商场、时装展示会，然后不停地试衣、更衣，拎回来大包小包的各类衣服。所以有句话是这么说的：女人永远缺少一件衣服。和衣服相配的，就是花式鞋了。

喜欢穿花式鞋的女人常常以自我为中心，非常自恋，只爱惜自己，关心自己多于关心他人，拒不接受他人的善意提醒或提示。对于她们而言，朋友、工作、做慈善、奉献等都是生活中的点缀品，可有可无，甚至认为是累赘。所以对这类清高、自傲的穿花式鞋的女人，人们往往避而远之。

E. 皮靴

皮靴，尤其是黑皮靴，擦得油光铮亮，非常正统，说明这类女人是强硬派，别人难以完成的工作，她们总是以“力拔山兮气盖世”的精神去把事办成、办好。因而她们总是会受到上司们更多的青睐和男人们的吹捧。她们的内心有自己的一套为人处世的规则，绝不会因为男人们肉麻的吹捧而飘飘欲仙或者发生变化。而且，对敢于藐视自己权威的人，她们会不择手段采取各种措施进行处罚，目的就是维护自己的权势。

当然，这种女人的自我防范意识特别强。她们虽然没有害人之心，但是具有高度的防范手段。尤其是在波谲云诡的职场上，她们总会未雨绸缪，提前做好规划，灾难来临时总会逢凶化吉。

当然，这种女人在家里也是很强势的。成为一家之主是她们的不二选择。她们的权威容不得有丝毫侵犯，即使是最亲的人也不例外。

丝袜的诱惑

丝袜，是女性的一种服饰用品。据说 1938 年美国人采用一种深色半透明的材料发明了现代丝袜。丝袜大多数是连身的，颜色也是多种多样，有黑色的，有白色的，还有肉色的等。现在无论是彩色丝袜，还是性感丝袜，很多女人，无论是年轻女孩儿还是成熟女性，都会在腿部的装扮上取得突破性的变化，露出优美弧线的小腿。当然在天气寒冷的时候，爱美的女性不想穿太厚的棉袄或羽绒服，就会选择一双厚度适中的丝袜穿在腿上，这样可以避免腿部臃肿，而且在北风呼呼的冬季走在街头，格外吸睛。

A. 连裤袜

连裤袜又称紧身袜，是从腰部到脚部包裹躯体的一种服装。其质料有很多种，如棉质的、尼龙的，还有羊毛混纺的，能充分展现女性双腿线条的美感，使腿部看起来平滑光亮。

喜欢穿连裤袜的女人，一般都很有涵养，非常注重人际关系，对人彬彬有礼，容易得到职场人士的尊重和喜爱，很好相处。当然这类女性的家庭观念非常重，像老母鸡保护小鸡崽儿一样维护着家庭成员和权益不受侵犯，因此她们容易得到家庭成员和邻居们的敬重。

B. 高档丝袜

丝袜也分三六九等。对于高档丝袜，有些女人也毫不吝惜加以购买来武装自己。她们生活大多衣食无忧，喜欢出现于高档商场。“女人嘛，对自己就要狠一点儿”，就是这类女人消费心理的真实写照。

C. 普通丝袜

普通丝袜比较便宜。别人有丝袜，我也要有，尽管质量不同。购买普通丝袜的这类女人，首要考虑的因素是经济条件的许可，然后才会去考虑颜色、质地、款色等其他因素。这类女人性格比较独立，事业心也强，特别看重经济条件。和这类女人打交道要有思想准备。

D. 带色丝袜

带色的丝袜，有红色、绿色、紫色、蓝色和黄色等。这类女人希望丝袜和衣服完美搭配。穿这种带色丝袜的女人以年轻、另类的居多。

她们的适应能力普遍很强，能有效地融进各种各样的朋友圈儿。她们歌唱得比赵薇还动听，酒喝得比李逵还豪爽，脸变得比鬼还难看。她们全身散发着明星的光辉。所以在跟这类女人打交道之前，一定要详细了解清楚，尤其是她们的收入来源。

E. 暗花丝袜

这种丝袜，配以裹臀短裙，是最能在大街上牵动男人目光

的一套装扮。穿着这套装扮的女人内心有时候是纠结的，她们喜欢简约、设计不同凡响的品牌，但是又讨厌一些不懂时尚、不懂生活者在背后指指点点、品头论足。她们从内心里是鄙视这群人的，但是外表上一如既往地高傲，宛如清水里盛开的芙蓉。

物以类聚，人以群分。这类女人同样喜欢和艺术家或者气质高雅者在一起。居芝兰之室，久而不闻其香。

F. 短丝袜

短丝袜，指一般丝袜的 3/4 的长度的丝袜。喜欢穿短丝袜的女性，一般来说是循规蹈矩的，家里的家务事情，她们正常都会做得很好。至于丈夫的工作或者喜好，她们也都会

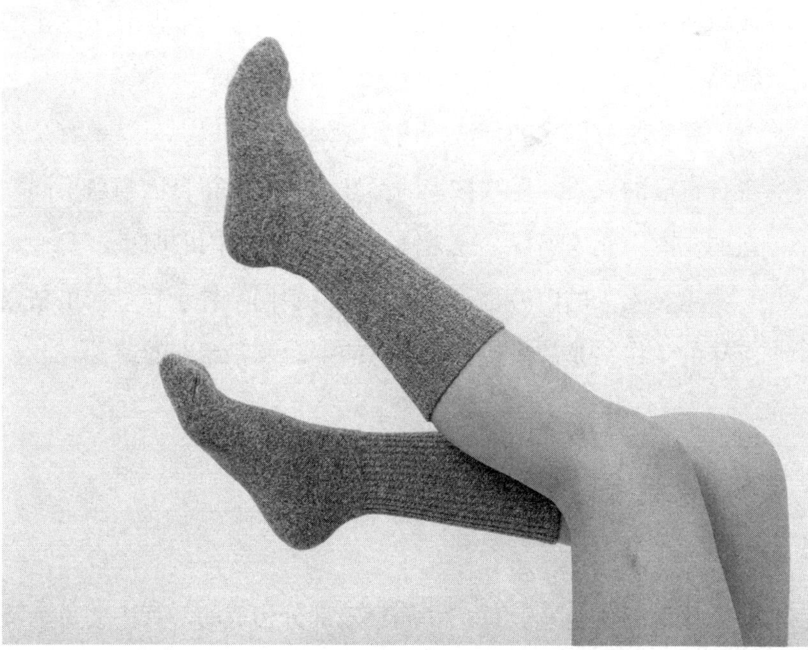

支持，因为她们觉得自己这么做是理所当然的。她们非常重视家庭起居生活，而忽视自己的内心。这类女人有些像过去的大家闺秀，或者像《红楼梦》里的薛宝钗一样，是公认的标准媳妇。

当然，这类女人对自己看似比较随意，实际上是牺牲了自己内心的渴求和期望。她们对自己子女的要求也会很严格，有一套必须遵守的家庭规则。子女们虽然不喜欢，但是会对她非常敬重。她们对待周边的熟人和朋友，往往是你敬我，我才会敬你。

G. 袜带

袜带是用丝带、松紧带扎在长筒丝袜口、上端系在腰部或紧身衣的带扣状下摆、防止丝袜滑下的一种非常女性化的物品。

袜带没有固定的穿法，内穿、外穿都可以，只是要看是否符合自己的气质。喜欢袜带的女性，大多希望自己与众不同，在朋友圈中鹤立鸡群，成为镁光灯下光耀闪闪的明星。

这类女人的内心是极不安分的。她们不甘于写字楼里枯燥乏味的工作，非常渴望诗情画意的生活或者意外的惊喜。

从服装看世人的个性差异

服装是由色彩、款式和面料三部分构成的。其中的每一部

分都影响人的感官、触觉，从而影响到人的性格、心理和情绪，也折射出人穿衣服的个性差异。

现代人的工作压力都很大。有的人选择喝酒进行压力的释放，有的人选择休闲服饰进行压力的释放。如果穿得较为宽松、质地舒适，没有束缚感，更能给人带来精神上的自由和愉悦，那么在心理上就会产生一种舒适的安全感。凡是喜欢穿休闲装的人，大多思想比较单纯，不玩什么心机，自己不累，和他打交道的人也不累，因为他们对人对己都没有过多的要求。而且这类人喜欢悠闲自在的生活方式，追求自然和简单，不看重金钱和权势，为人谦逊、随和，朋友圈子也很广泛，整个人似乎被一种轻松愉快的氛围环绕着。

喜欢穿休闲服的人，大多喜欢自由，向往“采菊东篱下，悠然见南山”无拘无束的生活。这类人性格比较随意，为人处世没有那么多的心计，比较实在，不喜欢巧言令色，遇到事情总喜欢从好的角度来分析，是天生的乐天派。他们对事物有着惊人的观察力，具备透过现象看本质的本领，做事非常认真并有计划性，效率很高，无论在生活中，还是在工作中，他们的人际关系总是令人羡慕。

西装，能提升人的外在形象，是工作场合和社交场所的正式服装，能使人看起来更成熟、更专业，是一个男人身份的象征。普通人穿西装，会让人觉得很敬业。精英人士穿西装，会给人成功典范的感觉，估计回头率一定很高。

喜欢穿藏青色西装的人，全身洋溢着对事业成功的渴望，对权力和地位的渴望。伴随着这种强烈渴望的，是他们强烈的大男子主义、紧张的生活节奏和工作节奏。

尽管如此，他们绝对不是社会上的那种不务正业之人。他们穿藏青色西服是一种礼貌，是一种对人的尊重，更是一种对工作的严谨而认真负责的态度。

穿格子花纹西装的人，喜欢与众不同。当然他们在人多的场合往往喜欢高谈阔论，宣传自己的主张，从不轻易相信别人。

格子花纹西服搭配不好，就会像裹着床单出门，因此如何搭配，很能考验男人们的时尚功底。

西装是男人的铠甲。浅灰色西装，白色加一点儿黑色，既压住了白色的张扬，又增添了黑色的沉稳和大气，既减少了严肃感，又增加了时尚度，所以穿浅灰色西装的人既时尚，又低调，既沉稳又自信，透露着冷静而又克制的个性。

所以，不同的西装色彩、不同的西装款式，隐含的个人性格、审美等信息也是不同的。另外，西服的单排扣和双排扣也显示了一个人的性格特点。喜欢单排扣西装的人比较洒脱、随性，人际关系较好；而喜欢双排扣西装的人显得拘谨，总是用一种怀疑、审慎的眼光看待别人，使人很不舒服，甚至极不愿意和他交往。因此这类人的人际圈子相对较窄。

西装的尺码也非常重要，直接涉及是否合身的问题。有的人喜欢稍小的西服，把自己包裹得结结实实，内心的自信仿佛要从西服里挣脱出来似的。这类人喜欢控制别人，要求

别人严格按照自己的要求去做。他们在工作上表现突出，执行力很强。

有的人喜欢西服大一号，希望借助宽大的西服展示个人的力量。这类人以刚走出校门的学生为代表。他们有个性，渴望成功，但是方法和手段又常常显得幼稚。和这类人交往最好的办法就是多多表扬和鼓励，从而赢得他们的信任和好感。

还有一种人总是穿着十分合身的西装，稳重、得体而显得又有教养，但就是不肯和别人交心，与人保持着距离。和这类人打交道，首先要注重礼貌和交往规则，不温不火，循序渐进，慢慢地赢得他们的信任，最终才能成为惺惺相惜的朋友。

服饰颜色的隐性密码

颜色寓意就是指不同颜色具有不同的寓意，属于心理学范畴。服饰颜色属于非语言交际的特征符号，隐含着不同的交际信息和文化差异。从视觉效果的角度来说，服装的色彩在人类知觉中是最领先、最敏感、最为人所第一感知的。不同的服饰色彩能够引起人不同的心理感受，也有着不同的象征意义。服装忠于人的个性，衣着是你的发言人。所以，一个人的内心所想在服饰颜色的搭配上都自然而然地显现出来。

因此，当你每天穿上衣服在试衣镜前摆动的时候，不自觉地就把自己的情绪、心情和隐藏的欲望都表达了出来。为此我们就要注意服饰的搭配，色彩要与体形协调。体胖者适合深色而不宜选择浅色,体瘦的人适合选择颜色浅的而不宜选择深色。色彩还要与肤色搭配。肤色苍白的人，应该选暖色调；肤色较黑者，宜选柔和明快的中性色调。

另外，色彩要与自己的个性协调。年轻人喜欢个性化色彩的时装，代表着对现存模式的一种普遍抗议，表达了年轻人对

个性和自由的向往。当然一个人穿了异性的服饰，容易发生情绪的不安与困扰。

服饰的颜色还与所处的自然环境、社会环境都要协调。比如，在工作场所我们选择穿着制服工作。在特定区域还受风俗习惯的影响。

A. 白色服饰

表示清爽、无瑕、冰雪、简单、无情，是黑色的对比色。表达纯洁及轻松、愉悦之感，常用于新娘礼服等。浓厚的白色会有壮大的感觉，有种冬天的气息。在东方也象征着死亡与不祥。

B. 黑色服饰

黑色是白色的对比色，代表深沉、压迫、庄重、神秘，是无情色。穿黑色服饰使人产生一种黑暗的感觉，如和其他颜色相配合，含有集中和重心感。在西方用于正式场合，在东方适合一些特殊场合。

C. 灰色服饰

穿着灰色服饰的人，给人以高雅、朴素、稳重、现实、沉稳的感觉，代表寂寞、冷淡、拜金。穿这种颜色的服饰以老年人居多。

D. 红色服饰

红色的服饰显得热情、活泼、张扬，热情如火，容易鼓舞勇气。当然红色也意味着很容易生气，情绪波动比较大。在西方服饰中，红色则有牺牲的意味。而在东方则代表吉祥、乐观、喜庆，同时在消防方面，红色也有警示的意思。不过总体而言，红色服饰给人的感觉还是以喜庆为主。

E. 蓝色服饰

蓝色意味着宁静、自由、清新、沉稳、安定与和平。欧洲把蓝色当作对国家忠诚之象征，欧洲医院的护士服就是蓝色的。不过在中国，海军的服装是海蓝色的。穿蓝色服饰的人通常对现状比较满足。

F. 黄色服饰

黄色服饰给人以灿烂、辉煌的感觉，象征着照亮黑暗的智慧之光。黄色服饰有着金色的光芒，象征着地位、财富和权力，它是骄傲的色彩。在古代，是帝王专享的服饰颜色。

G. 绿色服饰

绿色意味着清新、健康、希望，是生命充满活力的象征；代表安全、平静、舒适之感。穿这种颜色服饰的人很多。一般来说，这类人内心比较纯洁、高尚。

H. 紫色服饰

紫色服饰是西方帝王使用的服饰颜色。这种颜色象征着神秘、高贵、优雅、大气、富贵，也代表着很高的地位。一般人喜欢淡紫色，有愉快之感。一般人都不喜欢青紫，不易产生美感。有时候，穿这种颜色服饰的人有点儿忧郁，如郁金香就是紫色的。

I. 金色服饰

金色，代表着财富，是黄色的最高境界。但是这种颜色的服饰，很少有人去穿。

J. 银色服饰

银色代表尊贵、纯洁、安全、永恒，体现了品牌的核心价值。穿银色服饰，代表着尊贵、高贵、神秘、冷酷，给人崇高的优越感，也代表着未来感，是白色的最高境界。

喜欢白色、黄色、蓝色、绿色等颜色的服饰，表明你的心情非常轻松，对现实满足，对未来乐观，同时也说明你的性格非常开朗，容易与人相处，交际范围肯定很广。

如果你的衣橱里都是深色、灰色等颜色的衣服，则表明你是个非常自律的人，能够抵御外界的各种诱惑。

当然有些人穿衣不讲究，显得邋里邋遢。这种人意志消沉，对人生比较悲观，毫无上进心。

眼镜背后的世界

人的性格可以通过不同的载体显现出来。心理学家通过研究发现，几乎人们所用的每一件东西，都能表明自己情绪或性格特征。而那些善于见风使舵的人正是通过观察一个人使用某件物品来洞察别人的内心世界的。比如眼镜，就很有意思。

1. 墨镜

戴墨镜，固然是为了保护眼睛免受太阳光的刺激和伤害。但是有些人就是喜欢戴墨镜，这是什么原因呢？这说明他特别想彰显自己，给别人一种神秘的感觉，让别人更加认可、尊重、关注他。

2. 近视眼镜

戴近视眼镜是为了方便看清物体。无论男女，戴上近视眼镜，总是给人一种聪明、智慧、知识分子的感觉。不过，现在很多人明明眼睛近视却不愿意戴近视镜，而是选择戴隐形眼镜，这可能是认为近视镜影响美观的原因吧！

3. 黑边眼镜

近年来黑边眼镜十分流行。男的、女的、老的、少的、胖的、瘦的……俨然已经成为黑边时尚。黑边镜框是前卫的时尚造型，烫发或者男士的短发搭配黑边眼镜会提高人的年轻度。另外，黑边眼镜比较适合外向型的气质人，譬如职业女性、调侃青年……黑边眼镜可以在你的活力气质上增加你的稳重感，起到一定的气质平衡作用。

黑边镜框会从视觉上强化你面部横向特征，很容易展现脸型的宽度，成为当下年轻人的最爱。

4. 金丝框眼镜

电影上，小说里，带着金丝框的男生有一种儒雅禁欲的美感，同时戴金丝框眼镜看起来尊贵、有礼、智慧、有气质，有些漂亮姑娘戴这种金丝框眼镜也十分好看。现实中年过七旬的

老太太戴金丝框眼镜也会具有慈祥的神秘气质。

5. 隐形眼镜

戴隐形眼镜的人有着怎样的心理？一般来说，这类人觉得自己脸部非常完美，根本不需要戴眼镜，戴眼镜只会画蛇添足。另外一种情况是，有的人对自己的容貌不够自信，认为再添加一副眼镜会使自己“丑上加丑”。基于这种心理，他们无论如何都不会再买一副眼镜架在鼻梁上。所以他们往往选择隐形眼镜。

由此可以看出，这类人的眼光是比较挑剔的。他们对于自己所挑选的物品会很挑剔，在选择朋友方面也同样会挑剔，因为他们认为只有与自己有着同等的地位、权力或者金钱等，他们才会低下高贵的头颅和你结交。

6. 无框眼镜

无框眼镜一般较轻、比较漂亮，也让佩戴者显得年轻、精神，只是镜片怕受力，原则上要求佩戴者性格不能大大咧咧，要通盘考虑问题，客观考虑问题，要有大局意识，因此这类人通常文质彬彬。

7. 平光眼镜

一般来说，平光镜是指没有屈光度的所有眼镜的总称，在最近的电视节目中，不少节目主持人为了追求形象效果，大多都戴起了斯文得体的眼镜，但他们的眼镜有的并不具备调整视力的功能，而只是一种平光镜。更有甚者，直接将眼镜镜片拆离开来，只戴一副“形象主义”的镜框，所以这类人给人的感觉是可能不够忠诚，不肯和人交真心，长此以往，就有可能会迷失自我。

8. 彩色塑料边儿装饰镜

无论旅游还是逛街，我们都会看到一些戴着各式各样眼镜的女人。她们戴的既不是远视镜，也不是近视镜，而是没有镜片的彩色塑料装饰镜，目的是为了让自己看上去更时尚、更前卫。这种“无镜片眼镜”也叫“非主流眼镜”，质地以塑料为主，边框上镶满“水钻”，镜框的颜色有大红、深蓝、金黄、纯白等，成为市区各商场、眼镜店及时尚小店热销的时尚装饰品，不仅深受学生喜爱，而且年轻女性也是它的消费主力，说是每天佩戴一种来搭配自己的心情。消费者懂得让自己的生活丰富多彩。

另外推眼镜也是在传达信息。总体说来，推眼镜这个动作是一种掩饰、保护自己的动作，目的可以概括为一个词：逃避。他或许是心虚、难过、紧张、羞涩或者是掩饰尴尬等，总之就是不想让人发现自己心理紧张罢了。手指从鼻梁处向上推眼镜。这类人比较内敛，属于交往“慢热型”。这类人要么人缘儿很好，要么由于性格太内向而难以融入群体。他们偶尔做这个推镜动作，通常是用于掩饰内心的紧张。因此跟这类人打交道，你得主动示好，他才有可能向你敞开心扉。

手表背后的秘密

男人手上戴的除了结婚戒指以外,唯一的装饰物就是手表。看一个男人有没有品味，只要看他手上戴的（手表），脖子上系的（领带），裤腰上围的（皮带），就会有了三分感觉。至于他是否帅气、是否高挑儿、是否健壮，都可以统统忽略。可见，手表在男人身上实在是能化腐朽为神奇。

手表有怀表、古典金表和定制表三类。

喜欢怀表的人，一般来说比较怀旧，怀念过去的光阴和曾经美好的种种回忆。他们为人处世比较稳重，做事比较有耐心，懂得生命的价值和意义所在，像个宽厚的长者，容易受到年轻人的尊重。

喜欢戴古典金表的人,大多具有前瞻的眼光和长远的打算。

他们善于韬光养晦，绝对不会为了眼前的狭小利益而放弃一些更有发展前景的事业。这类人思维缜密，头脑灵活，把马克思主义辩证法运用自如，往往有很好的预见力。他们的思想境界普遍比较高，而且心智发展非常成熟，凡事都从本质看问题，看得清楚、透彻。他们有着很大的格局和忍耐力，特别重义气，能够与家人、朋友同甘苦。遇到困难和压力，他们从不低头，并且迎难而上。

喜欢带定制手表的人，一般来说独立意识都比较强。他们自给自足，很多事情都坚持自己动手，绝不麻烦别人。他们喜欢做那些可以立竿见影的工作，最看重的是自己所获得的那种成就感。他们并不希望得到他人过多的关心和宠爱。他们信奉“淌自己的汗，吃自己的饭，靠天靠地靠祖上不算英雄好汉”的思想，他们独立自主，自力更生，认为不劳而获是没有意义和价值的。

还有人喜欢带电子手表。这类人的心态大多数与常人不一样，独立意识很强。他们喜欢掩饰自己的情感，在别人看来，他们特别神秘，而且乐于见到别人猜测、疑惑的目光并享受其中。

手提包里的密码

手提包是很多人的心爱之物。不过，选择手提包是一个复杂的心理过程。从手提包或者手提箱的款式、颜色、尺寸大小

能窥探出这个人的性格特点和做事的方式等，颇为有趣儿。

（1）公文包

A.手提公文包

不到一定的年龄、不到一定的职位，你是无法体会到手提公文包带来的感觉的。尽管这种公文包可能已经过时多少年了，但是人们出差、办事、坐车等，依然喜欢手提公文包或者在胳肢窝里夹着，很有特点。

这些很有特点的人，尽管思想似乎保守，做事严谨、踏实，喜欢怀旧，但是并不妨碍他们为人处世的忠诚，也正因为此，他们才更容易赢得朋友们的信赖，从而建立了良好的口碑。而这种口碑为他们赢得了上司的信任了从而就委以重任。

B.色彩鲜艳的双肩包

说实话，我以前是不喜欢这种背包的。自从参加了一个年会，组织者给发了一个双肩包之后我就很喜欢它了。而且我发现周边有很多人都背着各种各样的、颜色鲜艳的双肩包，显得年轻、活泼，精力充沛，全身洋溢着蓬勃的激情。

他们面带微笑，似乎对于自己目前的生活、工作状态非常满意。他们热爱生活，登山、跑步、短途旅行，样样都行，显得积极向上，有着美好的理想和远大的抱负。跟他们在一起，你会觉得人生真的很美好。

C.老板包

老板包尽管也是手提，但是和我们理解的手提包并不一样，显得小巧、精致，而且布满鳄鱼皮般的花纹，里面放置名片、银行卡、信用卡、名片或者超薄的名贵手机等。

我就曾经见过一个当派出所所长的朋友。他抽的烟是软中华，而且是“3”字头的，在办公桌上就躺着一只巴掌大的小老板包，褐色，鳄鱼纹。凭我的眼力，就知道这个小小的老板包至少要3万人民币以上。所以能拎得起老板包的人，基本上都是中产阶级或者是有小资情调的人。

这类人热衷于纵论天下大事，喜欢谈论自己的喜好，对著名的公司老板如马云、马化腾、曹德旺、李彦宏及他们的集团公司等如数家珍，信手拈来。听的人也是胡吹乱捧，一团乌烟瘴气，使人很难分辨这群人说的话哪句是真的、哪句是假的。至于他们的庐山真面目更是无法看出，因为他们正在“云雾缭绕中”。

D.高档挎包

普通人有个挎包，尽管不很贵，但是小巧、方便。而有些追赶潮流的人，挎包不断花样翻新，为追求高级享受，花费多少也不计较，所以常常囊中羞涩、入不敷出，最终沦为“月光族”，甚至“负翁”。

这种人最喜欢的不是朋友,而是新奇百怪的各种新式挎包。在为人处世上，经常到处炫耀自己的宝贝挎包，似乎这就是生命的全部。因此，尽管经常和朋友吃吃喝喝，胡吹乱侃，终究没有什么深交。

E.免费赠送的礼品包

这种免费赠送的礼品包，总比在招商城或者地摊上买的劣质货要好很多。一个人背着这类礼品包去上班，显得谦逊、低调而不张扬，容易博得同事们的亲近和领导的赏识，比那些背着名贵包包上班惹得众人嫉妒的人要更有水平。

“枪打出头鸟”“木秀于林风必摧之”等千古名言警句告诉我们，低调背包没有坏处。

F.没有公文包

生活中，我们也见到过不少没有公文包的人。他们上班时手里拿的或许是布袋、超市购物塑料袋，或者是大的牛皮纸袋，甚至是两手插在裤兜儿里去公司上班，在茫茫人海中显得很突兀。

这类人的性格比较具有独立性，不喜欢人云亦云，也不希望有所牵挂来羁绊自己、干扰自己。对于别人的品头论足，他们也是报以微笑，采取“走自己的路、让别人说去吧”的处世态度。所以时间一长，这种品头论足也就烟消云散，因此这种人活得比较自在。

不过，这类人正是由于独立性太强，不懂得变通，因此很难听取别人的意见，并且他们能够笑对困难和挫折，即使别人幸灾乐祸，他们也是一笑而过。

（2）手提包里的“小秘密”

心理学家经过研究分析，称女士的手提包是“个体世界的浓缩”。每位女士都是一个个体，她们每个人的心里都装着一个小秘密。不是她们的贴心姐妹，她们是不会把手提包里的秘密告诉别人的，甚至连她们的小包包也是很难一窥的，对于男人而言，女士小包包的诱惑实在很多。

A.“大杂烩”型包包

“大杂烩”型包包的女主人，凡事都奉行“无所谓”的随便态度，对区区小事从不斤斤计较。其交际能力特别强。她们很容易有非常多的朋友。在她们的包包里，有香水、面巾纸、小圆镜、梳子到口红、卫生纸、卫生巾等，都非常杂乱地放在包包里。从这里可以看出她们大多大大咧咧，细心程度欠缺。和这样的朋友相交，要有随时被她们抛弃的准备。

B.“整齐”型包包

这种包包，没有各种装饰，朴素大方，里面的物品按照一定规则整齐放置。背这种包包的人，大多心事细腻，办事可靠，品行端正，待人接物，彬彬有礼。虽然她们很自信，组织才能

很强，但想象力有待提升。

C.“收集”型包包

这种包包里有根据个人喜好收集到的各种物品，如电影票、处方单、明信片、照片、说明书、古币、名胜古迹门票等，显示出主人有耐心、富于幻想、热爱生活，但是工作、生活的条理性不够。

D.时尚型包包

这种包包的拥有者，大多喜欢炫耀，爱美，热爱生活。她们的包包里常常放置口红、面膜、指甲钳、银行卡、人民币或美金等。

E.公文包

一般来说，公文包是男人的专利。条件好一些的买真皮公文包，条件差一点儿的买仿皮公文包，提在手上，夹在胳肢窝下，显得很有一点儿公事公办的样子。尽管他们的包包里只是笔记本、信封、钢笔等，但是他们都显示了自信的气质，美中不足的是，缺乏上帝赠予人类的宝贝——幽默。

F.功能型包包

这类包包里会有什么呢？里面常常包括：眼镜、钥匙、常备药、指甲钳、口红、眉笔、手机、充电宝、纸手帕、面霜、指甲油、护手霜等。从这些物品大家就可以看出，包包的女主人有着很好的素质，懂得尊重自己、爱惜自己，也懂得尊重别人，善于处理工作和生活中的各种实际问题，具备了较高的处理公共事务的能力，正常情况下，这类女人会得到上司的青睐，被提拔的机会也较一般人多得多。

小饰品背后的女人心

每个女人的心底里都有一个漂亮的公主梦。她们喜欢给自己戴一条精致的项链和一副漂亮耳环，把自己打扮得漂漂亮亮的，希望集万千宠爱于一身。

（1）寄托性首饰

这类首饰中最主要的就是结婚戒指了。男人佩戴结婚戒指，就是告诉其他女人自己已经结束了单身生活，是有家的男人了；女人佩戴结婚戒指，就是告诉其他男人不要追自己了，自己已经和心爱的白马王子喜结连理了。经常佩戴结婚戒指的男人，是个顾家的好男人，在单位也一定是以单位为家、舍得投入时间和精力的好员工。

（2）名贵首饰

凡是能佩戴名贵首饰的人，家庭经济实力一般不俗。他们非常注重自己的形象，穿名牌服装，脚踏名牌皮鞋，在别人艳羡的目光和赞美的语言中让心灵得到陶醉，希望别人知道他们是有钱有地位的人。同时，他们也希望通过这些价值不菲的装饰掩盖内在的某些不足。当然，任何事情都有两面性，他们花大价钱佩戴的首饰有时候也会引起同事们的嫉妒和不愉快，甚至会带来意想不到的后果。

（3）生肖首饰

人有十二生肖，如鸡、虎、牛、猪等。每个人都有一个属于自己的生肖。父母们希望子女平安、快乐、交好运，常常给孩子们佩戴自己生肖的首饰。

一生行好运，是中国人最为盼望的。这是一个很神奇的信念。凡是相信命运的人，他们认为自己一生的成功和失败都是命里注定的，都是上苍早就安排好了的。他们认为成功和失败都是不可控的，自己是无法决定的。“命里有时终须有，命里无时莫强求”就是这种想法最好的理论支持。

这种信念有宿命论的色彩，把自己的命运托付给不可靠的未知物，而忽略了自己作为人的主观能动性，是不可取的。

（4）另类首饰

这种首饰的形状或者材质都与常态不一致。首饰常常是骷髅形、宝剑形、十字架形等，挂在脖子上，戴在手指上，吊在耳朵上，显得非常另类。

佩戴这种首饰的人的心理通常异于常人。他们的好奇心特别强，喜欢标新立异，希望用别人早已抛弃了的、破破烂烂的，或者古代的衣物等来装点自己，显得自己与众不同，大有“知我者谓我心忧，不知我者谓我何求”的架势。

这类人看透了滚滚红尘，厌倦了这个世界明的、暗的各种规则， 就用佩戴另类首饰这种特立独行的行为向世俗提出抗议。尽管如此，但是这类人在为人处世方面却很棒。

（5）全身佩戴首饰

一看到这个短语，你的眼前一定就会现出印度新娘子、尼泊尔新娘子全身挂满黄金项链、手链的形象，能亮瞎人的双眼。

新人结婚，是特殊场合，新娘子全身挂满首饰可以理解。但是在正常的社交场合中，手上戴着粗大的宝石戒指、黄金戒指、钻石戒指，在水晶灯的照射下熠熠生辉，仿佛告诉别人我很富有，你们的经济实力没有谁能赶得上我，这就不太好了。

这类人的心态是积极向上的，希望自己的财富越多越好。当然要想和这类土豪交朋友，你自己得是土豪才行。

（6）素面朝天

素面朝天的人不戴首饰，不原意接受形形色色的约束，不肯随波逐流，不喜欢去应酬，不喜欢人前马后去显示自己，而

是喜欢按照自己的思路去生活、去交友、去为人处世。

这类人的内心是孤独的。他们相信孤独是人生的最高境界。这种境界很多喜欢应酬的朋友是看不懂的，常常理解为清高自傲。这类人朋友很少。

戴帽子秀气质

棉帽子有御寒功能，夏帽子有遮阳护肤功能，美观实用。有特色的帽子还能在众人面前彰显自己的个性。

现代的社会是开放的、稳定的社会，经济发展，文化繁荣，帽子的款式也是林林总总，各有千秋。爱美之心，人皆有之。美丽从头开始，那么根据自己的气质你会选择哪种款式的帽子呢？

A. 礼帽

礼帽是帽子的一种款式，分冬夏两式，其形状多用圆顶，下是宽阔帽檐儿。穿着中西服装都戴礼帽，显出戴帽人的沉稳和成熟的气质，是男子最庄重的服饰。这类人喜欢传统文化的精华，讲究穿西服打领带、穿套装旗袍，但是旗帜鲜明地反对袒胸露背、穿迷你裙等，认为这些是糟粕、不道德的，会误导青少年学坏的东西。

爱戴礼帽的这类人群，他们的服饰非常讲究，皮鞋要一尘不染，发型要一丝不乱，待人接物要一丝不苟。对自己如此，

对别人的某些行为，他们也看不惯，如穿着凉鞋、拖鞋走路、西装革履穿丝袜等，似乎觉得只有自己才会活得精致，别人活得都糟糕，简直就是下里巴人。

正是因为有了这样的心态，所以即使他们举手投足显得温文尔雅、彬彬有礼，还是让接近他们的朋友们感觉到很难走进他们的内心深处，也不能加深彼此之间的友谊，并为此颇有怨言。

B. 鸭舌帽

鸭舌帽又叫鸭嘴帽，帽顶是平的，而且有帽舌。这种帽子一开始是狩猎者打猎时戴的，现在鸭舌帽开始和时尚运动风结合起来，设计师们在设计运动服饰的时候都喜欢用鸭舌帽来搭配，常常有很多从事艺术、科研工作的中青年男性喜欢戴鸭

舌帽。

随着人们审美观念的不断提升，鸭舌帽的设计也在不停地变化。经过近百年的风风雨雨，鸭舌帽现在帽檐儿没有以前那么长了，而且大大缩短。鸭舌帽的戴法也有正戴和反戴两种。反戴帽檐儿朝后，不能不说这是鸭舌帽戴法上的一种创新，人也更显得活泼、自信，散发出青春的活力。

和戴鸭舌帽的人打交道，你不用对他们进行防备，因为他们不是个爱攻击的人。当然，他们的自我防范意识也很强。

戴鸭舌帽的人相信艰苦创业才是人生的王道。他们不辞辛苦地利用一切机会来创造财富。他们的人生字典里从来没有通过投机取巧、诈骗等非法手段巧取豪夺来积累财富。他们很珍惜自己的劳动所得。

C. 旅游帽

旅游帽既不能抵御外在的寒冷，也不能抵挡日头的照射，纯粹是装饰之用。戴旅游帽子，可用以折射某种气质或形象，或者掩饰一些自己认为不理想或者有缺陷的东西。

D. 彩色帽子

帽子的颜色也是多种多样的。穿不同的衣服，在不同的场合，需要戴相应颜色的帽子来与之匹配。

时下有很多青少年喜欢戴颜色鲜艳的帽子，如白色帽子、黑色帽子、红色帽子、蓝色帽子、灰色帽子以及多种颜色相杂的帽子。喜欢戴这类色彩鲜艳帽子的人，不甘寂寞，懂得享受人生，所以总走在时代潮流的前沿。

他们精力充沛，荷尔蒙分泌旺盛，所以他们难得静下心来，于是经常邀请同伴儿们进行短途旅游或者长途旅游，遍览祖国的大好河山和名胜古迹，增长阅历和见识。

喜欢戴旅游帽子的人，基本上都是性情中人。他们干起工作来兴致很高，不用领导督促，也会全身心地投入到忙碌的事务中，事情办得又快又好。当然如果他们情绪突然低落，就会倍感无聊、空虚。

E. 不戴帽子的人

也有很多人不喜欢戴帽子，有的嫌帽子勒在头上不舒服，有的认为帽子会使整理好的发型变形，还有的认为戴帽子有压抑感。总之，原因很多。

但无论如何，这类人不戴帽子有个共同的特点：讨厌应酬，喜欢自由，按照自己的设想工作、生活和学习，把有限的人生精力投入到有价值、有意义的工作中去。

第九章

通过观察其行为读懂背后的人心

有什么样的思想，就会有什么样的行动。有什么样的人心，就有什么样的行为。人心是行为的先导，行为是人心的表现形式。一个充满爱心的人，他的行为表现是轻柔而温暖的；一个雷厉风行的人，他的行为表现大致是干脆而利落的；一个心地歹毒的人，他的行为表现大致是凶狠而残忍的。一个人的内心世界，是通过他的行为表达出来的。通过观察一个人的行为，我们就能大致读懂这个人行为背后的人心。

察言观色

察言观色，不是一个贬义词，而是经验之谈。如果不懂观察对方的脸色，就会出现行动莽撞的错误。由此可见，察言观色是高质量完成工作的必备方法之一。

曾经有一个关于康熙皇帝的故事。

相传，康熙皇帝年纪大了，人到了晚年，脾气也变得倔了，对大臣和左右仆人也开始变得挑剔了，特别是忌讳人家说他老。在向他汇报的过程中，如果有谁敢说他老，他会立刻沉下脸来，轻则不高兴，重则大臣挨板子。所以大家在伺候时小心翼翼，如履薄冰，生怕一不小心就触霉头。

一次，康熙带一群妃嫔去湖中钓鱼。结果吊上来一只甲鱼。康熙眉头一皱，只听扑通一声，甲鱼脱钩儿掉到水里撇开四条小腿很快不见了。康熙连叫可惜可惜，做失望状。

看到这种情况，陪同康熙爷钓鱼的皇后连忙安慰：“皇上，这是一只老甲鱼，大概是没有牙齿了，所以咬不住吊钩儿了。”

说者无心，听者有意。旁边另一个年轻的妃子却忍不住大笑起来，而且一边儿笑一边儿不住地拿眼睛看着康熙。康熙闻言，龙颜大怒，认为皇后是说者无意，妃子还笑，笑自己年

老不中用，于是就将那如花似玉的妃子打入冷宫。可怜这个妃子，就是不懂得职场的避讳和潜规则，仅仅一笑就断送了自己人生的大好年华。这个代价也实在是太大了。

因此，作为皇后和妃子，在封建集权时代，要懂得年老康熙的心理。康熙是大清王朝少有的明君，一生干了很多惊天动地的大事，现在年纪大了，但是心里不服老，非常忌讳别人当着他的面说他老。在康熙看来，“老”就是“老而无用”的意思，意思是康熙老得没用了，连一只老甲鱼都不如，是对康熙的大不敬，是鄙视，这对康熙皇帝而言是无法接受的。所以这个可怜的妃子落得凄惨的下场，真应了伴君如伴虎这句话，由此可见察言观色的重要性。

在生活中，老祖宗告诫我们“说出去的话如泼出去的水”“覆水难收”“祸从口出”，就是教育我们要谨言慎行，切不可满嘴跑火车，否则后患无穷。

另外，老祖宗还教育我们“为人只说三分话，未可全抛一片心”，就是告诫我们与人交往不要轻信别人，要通过察言观色去了解别人。否则一不留神，就把别人给得罪了。有的人城府很深，表面上毫不在意，内心却恨得牙痒。这种人是最可怕的。因此我们一定要学会察言观色，读懂对方的脸部表情，走进对方的内心，最终保护好自己。

你为什么总是喜欢往人群里钻

人真是个很奇怪的动物。有人喜欢清静，如朱自清，写出了著名的散文《荷塘月色》；还有的人喜欢热闹，哪儿人多就往哪儿钻，KTV、电影院、饭店、广场、商场、游乐中心等，玩儿得不亦乐乎。这类人不喜欢清静，对于山顶、幽谷、小径深处，他们丝毫没有兴趣。心理学家经过对比分析得出结论：喜欢往人群里钻的人内心非常孤独，渴望同别人交往，并得到别人的关注。他们不喜欢低调，他们喜欢在人多的地方吐沫横飞地高谈阔论，卖弄自己浅得不能再浅的学问，希望引起别人的鼓掌叫好，并在这几乎病态的叫好声中得到醉心的体会。

细心的朋友一定会发现，在一群天南海北聊天儿的人群当中，总有一个声音特别洪亮，几乎盖过所有人的声音，好像只有他最懂得天下的大事似的。这个时候，所有人的目光像镁光灯一样聚焦在他的身上，眼睛里流露出佩服、羡慕、嫉妒、崇拜的光。他看到这些，内心会得到极大的满足。

在家庭中，这种人为了满足自己的虚荣心，还会不断地制造出噱头向孩子树立自己英雄的形象，比如自己当年如何抗日（实际上当时还没出生）、某某市长是自己的亲戚（实际上从未谋面）等。不懂事的孩子就会信以为真，并以此为荣。稍微

有点儿文化常识的人一眼就会看出破绽。但是这类人抵死也不会承认自己的错误，而是不断地诿过于人。这种人的这种坏习惯会误导了自己的孩子，带坏了周围的风气。

那么，对于这样的人我们该如何去应付呢？举个例子吧。假如你正在和多年未见的好友在热情地聊天儿，共叙友谊，突然一个人插了进来仰着脸非要问你们在聊什么，你怎么办？作为一个有点儿文化的人，我首先会判断出这个人的性格特点。他其实对聊天儿的内容并不是太感兴趣，而且说不定内容对他来说太深奥，他一无所知。他的真实心理是渴望被你和朋友所关注。如果你和你的朋友位高权重，他回去后甚至会添油加醋

地炫耀，犹如孔乙己在不懂事的孩子们面前炫耀茴香豆的“茴”字有七种写法似的。

这种人之所以会这么做，说明他深知自己无能，没有学问，没有学历，没有金钱，没有地位，但是自己又不愿意下功夫去苦读，或者下苦功夫去下海经商，甚至不肯努力去钻营。他们总是希望天上掉馅儿饼，有人可以把他的一切都安排好，因为他懒得去打理自己的生活。这是懒的思想在作怪。

有些高雅的人士是不会和这类人为伍的，甚至不屑于和这类人讲话，因为高雅的人士知道喜欢往人群里钻的这类人会如何把牛皮吹破天。这么一来，这类人往往显得不知所措，无所适从。从心理学的角度分析，这类人之所以会养成这么一种坏毛病，可能跟他所遭受的挫折、家庭的教养、工作的环境有关。他们内心渴望金钱、地位、权力和众人的关注。而这些正是这类人多年努力而没有得到的。他们在心理上缺乏必备的独立性，常常依赖别人，在家依靠父母，在公司依靠同事，在外依靠朋友。他们依靠别人惯了，唯一没有依靠的，就是他们自己。说白了，只有一个字可以来形容这类人：懒。他们从小到大几乎没有服务他人的观念，一直都是以自我为中心，人人为我，是他们的内心底线。他们越是懒，依赖别人的心理就越强。万一某天没人可依靠的时候，他们就会走上盗窃、杀人越货的邪路上去，这个时候他们就觉得整个世界都欠他的。

可怜之人必有可恨之处。喜欢往人群里钻的人醒醒吧！依

赖别人，你就会永远活在别人的光环里。

照相时要主动站在中间或附近位置

很多单位在纪念日、年会或特殊日子会拍集体照，家庭出游也会拍全家福留作纪念。人们现在使用手机的拍照功能能很好地实现以上心愿。但是拍照的位置安排却是非常令人头疼的事情，为什么呢？

领导或者家长一般都被安排在中间位置，当然这些领导或者家长也喜欢坐中间的位置，以此突显自己的身份与地位。当然也有些人就是喜欢站在别人边儿上，摄影师无论怎么劝就是不听，甚至急了还会闹翻脸，反正就是不配合。这又是什么原因呢？

其实，从心理学角度去分析，这类人其实是没有主见的。因为他们不会自己做主。他们认为这样做要承担责任，还会冒很大的风险，并且要费脑筋，有时候做主实在是吃力不讨好。既然如此，有人喜欢做主，那就让别人做主去吧！自己也乐得清闲，何乐而不为呢？

具有这种心理的人，归根到底就是一个字：懒。懒的根源就是自己缺少自信和理智。试想，连拍照这样的小事情都喜欢站在别人的边儿上、靠着别人，这明显就是没有发挥主观能动性嘛！

由此我们的思维发散开去。从拍照的姿势也能判断一个人的性格。有的人拍照是双手抱胸，有的是背直挺，有的是微往内收，还有的是双脚站立等。为什么这些人拍照会有不同的姿势呢？这反映了怎样的心理？

双手抱胸、直视着相机镜头的人，是很自信的人。他们性格外向，喜欢表现自己，对于未来有希望，有信心，善于自我保护、鼓励和支持，对外人没有攻击性。他们似乎天生就是乐天派，从来就不知道疲倦为何物。所以他们拍照总是笑容满面，自信非凡。还有的人拍照时双手下垂，视线不聚焦照相机的镜头，身体僵硬，背直挺或微往内收。除非被点名才往众人眼光焦点处靠近。这类人性格内向，喜欢独处，不自信，内心很在意别人的看法，唯恐被周围的人看不起。还有的人肢体舒展，笑容自然，给人春风扑面的感觉。这类人大多经历过人生的风风雨雨，对金钱、地位、名利看得很开，现在拍照的时候可能是对现状非常满意，对人生起伏也能一笑置之。

所以，拍照的时候，其实拍的就是众生相，反映了每个人不同的性格特点，有趣儿吧？

口头禅反映心态

口头语言就是一个人说话习惯的一部分，是每个人在日常生活中不自觉形成的自己独特的说话风格，带有很深的性格印

记，所以想要快速了解一个人，就可以从他的口头语言开始。

一般情况下，经常说“果然”的人，性格比较自以为是，特别自我，以自己为中心，所以考虑他人的想法就会很少。

经常使用“其实”的人，有较强烈的表现欲，特别希望能够引起他人的注意。这种人的性格较为倔强、任性，并多多少少带有些自负。

经常说一些流行词语的人比较随大溜儿，独立意识不强，耳根软，没有主见，并且喜欢夸大其词。

经常说外来词的人爱卖弄，喜欢炫耀自己，虚荣心极强。

经常使用地方方言，说话时理直气壮，并且有底气，这种人有很强的自信心和独特的性格。

经常说“这个……”“那个……”“啊……”的人，就是我们通常所说的好好先生，喜欢和稀泥，办事小心谨慎，不会到处惹是生非。

经常说“最后怎样怎样”诸如此类词汇的人，则说明他的内心欲望没有得到满足。

经常说“嗯，的确是这样”的人，一般是知识浅薄，自以为是却不自知的人。

经常说“我怎么怎么”的人有两种，一种是软弱无能，总是向别人求助，另一种是虚荣之人，总是逮住各种机会表现自己，以博取他人的注意。

经常说“你必须怎样”“你应该怎样”等带有命令语气的人，性格多固执、蛮横、专制，有强烈的领导欲望。

还有一些人经常说“我个人的想法是……”“是不是……”“能不能……”，这种人属于和蔼可亲，平易近人的行列，他们在待人接物的时候，一般都能做到公平公正，他们会在冷静地思考和认真地分析之后，才得出正确的结果。这种人不会独断专行，能听取别人的意见，给别人足够的尊重，同样也获得了别人足够的尊重和敬佩。

经常说“我要……”“我想……”“我不知道……”的这种人，思想上比较单纯，感情上容易冲动，有时候让人揣摩不透。

经常说“绝对”这个词语的人，思想比较偏向主观臆断，做事草率，或者是缺乏自信，此类人或许缺乏自知之明，或许是自知之明太强烈了。

有些人喜欢说 “我早就知道了”。这种人喜欢把自己当作主角，自我发挥，有强烈的表演欲。不喜欢倾听别人说话，也不可能成为一个热心的听众。

有些人说话不带口头语，并不是说他没有过，也许是以前有，但是后来逐渐改掉了，这说明这个人成熟了，意志变得坚强，说话简洁流畅。那些口头语特别多的人，办事多数比较拖沓，不干练，意志不够坚定。

如果你想从口头语上了解你的对手，从而做到知己知彼，百战百胜，那么你就必须在与对手相处的过程中花费很多的心血，认真去研究他，分析他，用不了多久，你就可以快速从口头语上了解你的对手了。

你为什么老是坐不住

吃饭、喝酒、戴帽子、穿衬衫等都能反映一个人的性格特征。同样，和家人、朋友或者同事去餐厅吃饭找位子，也能反映出一个人的性格特点。

对于我们经常逛饭店的人来说,会遇到老是换位子的人。他们自从进了饭店包厢，就没有在同一个座位上坐满半个小时的。一会儿觉得这个位置不好，太靠外了，周围都是人，有点儿嘈杂；一会儿又觉得这个位置显得太拥挤了，而且闭塞，感觉很压抑；一会儿又觉得靠窗的那个位置好像很好，能看到外面的风景，周围又没有多少人，于是赶紧下手抢先坐到了靠窗的位置。

这类人不停地换位置，甚至换包厢，会让与其共进晚餐的朋友心情大受影响，不堪其苦。何必呢！世界上的任何一件事都不是十全十美的，也没有一件事是十全十美的。人有悲欢离合，月有阴晴圆缺，此事古难全嘛！

我们来仔细分析这类人的性格特点。从根本上来说，他们不懂得自然界发展变化的规律，只图自己舒服而不顾别人，做事没有方案，虎头蛇尾。从人性上来说，把自私自利的人性弊端发挥得淋漓尽致，充分证明了“人之初，性本恶”的观点。和这种人打交道真是要存一百个宽容的心。

这种人是自私的，只为自己的舒服而考虑，从不顾及旁人。还有一种情况是，有的人请大家吃饭，结果到了酒店包厢之后，才发现座位不够，大家面面相觑，不知如何是好，于是窃窃私语，抱怨之声不绝于耳。我认为，稍微有点儿管理学常识的人，都知道“凡事预则立，不预则废”的道理。只要事先做好充分的准备，现场脚踏实地地操作一到两遍，这种找座位的低级错误是一定能够避免的。

在找座位这种问题上，还有一类人喜欢替大家做主。走进包厢，就在大家相互谦让的时候，他会指着某张饭桌对大家说，我看，这里环境比较宽敞，我们大家就选这个包厢坐吧！话说得不假，但给人的感觉似乎有强迫、独断专行的意味。大家都是有素质的人，忍忍也就过去了。不过，这类人说话太直截了当，还是用征求大家的意见这种方式比较好。

当然，还有一种情况就是有些人从来不拿主意，随波逐流，跟在大家后面，大家坐下来，他也就找个空位坐下。这种做法

显得这类人没有主见，做事习惯依赖别人，他们也很少积极主动去做，而是配合别人，或者被别人指挥着去做。究其原因，是这类人一方面体现自身较好的素质，另一方面也有可能喜欢随大溜儿。

经常去饭店应酬的朋友还会看到这样一种现象。有人进入酒店后，就会问包厢的服务员座位够不够。这类人通常不会直接走到座位前坐下，而是请服务员给自己安排一个座位，以免使自己陷入无座位可坐的尴尬境地。这种做法，反映了这种人考虑问题比较细心、周到，不在大家面前掉链子，当然这也可能让人感觉到他做事过于理性,甚至有的时候有点儿不近人情。不过适应这种情况就好了。

犹豫不决的人内心多优柔寡断

有人买东西的时候，无论买什么，都要货比三家，犹豫好长时间，这说明他是一个优柔寡断的人。而有的人不管买什么，只要相中了，立刻就决定买下来。

生活中，总是有很多人在看到一件比较满意的商品时，不是立刻买下，而是在想后边也许有更好的，或者更便宜的商品，就这样，本来很简单的一件事却被他们搞得无比复杂。这是因为他们的性格优柔寡断造成的。他们总想用最少的钱买最好的东西，他们不相信一分钱一分货的道理。这种人往往宁可多走路，走得两条腿酸痛，也要去别的地方去看看同样的商品是什么价格。如果这儿的商品质量好，价格便宜，他们自然会开心。如果这儿的商品和之前看的一样，他们也不会觉得自己是白跑一趟，而是觉得自己买这个商品回去并没有吃亏，就心满意足地买回去了。这种人无论是买东西，还是在决定自己命运的大事上，都会显露出优柔寡断的性格特点。

所以，如果你身边有这种花钱的时候犹豫不决的人，就得多加小心了。这种人优柔寡断，爱贪小便宜，交往时需谨慎。不过，如果你觉得他值得交往，也不必太主动，因为时间长了，他就会发现你的长处，到时你再向他发出交友的信号，他就不会因为自己的优柔寡断而感到不自在了。

有的人在花钱的时候犹豫不决，同样，有的人在买东西的时候也会犹豫不决。但是，他们不是因为优柔寡断，而是为了节省。尤其是那些不缺钱却很节省的人，往往是因为他们有极强的家庭责任感。

一个经济富有却很节俭的人，多半是一位成功人士，对事业的严谨负责是每个事业有成的佼佼者必备的秘诀之一。事业上的蒸蒸日上，会使一个成功人士变得越来越富有，而他一如既往地节俭，正是他对家庭负责，为深爱的家人挑起重担的表现。自己的父母年事已高，他考虑的是如何让自己的父母安度晚年，给他们买各种保险，因此他即使很有钱也不会乱花。作为终身的伴侣，他们必须要对自己的爱人负责，即使青春已逝，芳华不再，也要让对方活得高高兴兴。对于孩子，还要为他们预留充足的教育经费，如果条件可以，还要培养孩子的兴趣和特长。生活的方方面面都需要花钱，因此，即使他们很有钱，强烈的家庭责任感驱使他们变得节俭，而家庭正是一个令富有而节俭的成功人士不断前行的不竭动力。

不管是为了家庭还是为了事业，富有而节俭的人，都会努力把握好自己的角色，意识到自己背负的重担。反之，有的人不考虑自己的经济负担就抢着埋单，这样的人性格较为豪爽潇洒。

生活中，两个人抢着埋单的现象屡见不鲜。他们你争我抢，互不相让，甚至都扯破了对方的衣服，这正是一种不拘小节的豪爽性格的体现。他们这样的人，肯定会赢得朋友们的好口碑，备受众人的青睐。除此之外，这种性格豪爽、讲义气的人做事定会雷厉风行，对朋友赤诚相待。

经常抢着埋单的人，绝不会贪图小便宜，更不会见利忘义，唯利是图。他们豪情万丈，不拘小节，有情有义，为朋友付出一切也在所不辞。而且，只要自己能做到，绝对会想尽一切的办法。就像埋单这件事，只要自己负担得起，一定不让朋友破费，何况是其他的事情呢？如果实在无能为力，他们会直接明说，让朋友另想办法，以免耽误时机。他们秉承自己的为人处世之道：朋友永远是第一，哪怕自己吃亏，也绝不损人利己。

喜欢坐在门口的人性格多急躁

不管是外出就餐还是访友做客，一定会面临选择座位的问题。也许有人会认为这是一件微不足道的小事儿，可是，位置的选择却恰恰能反映出一个人的性格。

举个例子说吧，比如喜欢在门口坐的人，性格往往急躁，心直口快。他们急于求成，一旦事情的发展出现偏差，他们便会毫不避讳地表达出自己的不满和改进的建议。但是，这样的人通常待人热情，乐于助人，他们有时候可能会因为太过直截了当而伤害别人，但是这并不是他们的初衷。他们总是在别人需要的时候雪中送炭，关爱弱小。对于他们而言，与其让他们

端坐在自己的位置上，倒不如让他们站着，他们在自己的岗位上恪尽职守，兢兢业业，一刻也不愿停歇。

通过门口位置的选择，就能判断出一个人的性格，看似颇为神奇，但是，美国一位名叫布兰德的心理学家，经过长期研究发现，性格与一个人如何选择自己的座位密切相关。实际上，这种现象早就出现在我国古代的诸侯、将军对座位的选择上。例如，参加宴会的时候，他们对于靠近窗户，背靠墙壁的位置情有独钟。这是为什么？靠近窗户的位置视野开阔，可以随时监视门口的动向，一旦有人来侵犯，便可以立刻采取行动，在危急时刻还可以破窗而逃；而背靠墙壁则可以防范背后偷袭。同样的道理，现代很多跨国大公司为了公司机密和人身安全，大都选择摩天大楼的高层或背朝大窗户的位置，这些公司的 CEO 的小心谨慎，可见一斑。

因此，喜欢什么样的位置就能大概判断出他是什么样的人，具体来说，除了以上所述，还有另外几种情况。

喜欢选择墙角的人，性格大多很谨慎，心思细腻敏感，具有认真的生活态度和极强的权力欲望，由于太过谨慎，甚至会被人认为有些神经质。

喜欢坐在中央的人，通常以自我为中心，具有极强的表现欲，喜欢成为大家的焦点。因此，在和别人说话的时候，他们总是喜欢自己喋喋不休地说个不停，而对对方的话漠不关心。一旦有人跟他有不同的意见，或者无意中冒犯了他，他定会向对方发起猛烈的进攻和反驳。

喜欢选择面向墙壁的人，大多很孤傲，做事特立独行。他们喜欢沉醉在自己的小世界里，对外面的世界不闻不问，因为他们觉得，如果过多地涉猎外部世界，只会给自己带来不必要的烦恼。因此，他们不喜欢与人打交道，尤其是不熟悉的人，更是避免与其产生任何交往。

还有的人喜欢选择背靠墙壁，这样的人做事大胆而谨慎，用胆大心细这个词来形容他们再适合不过了。他们做事精益求精，一丝不苟；待人热情，主动帮助他人，备受大家的欢迎。

透过谈话习惯看清对方

一个人的性格特点，从他说话的习惯上便可以略知一二。所以，如果我们知道了两者之间的联系，那么，想要看清一个人的内心世界就不再是一件难事。

（一）就事论事的人

这样的人正直不阿，行动果敢，做任何事都有明确的目标，但是有时候又会过于死板，人际关系令人担忧。

（二）说话爱跑题的人

这样的人说起话来思维极具跳跃性，他们会从一个话题跳到另一个话题，滔滔不绝，让对方听得云里雾里，稀里糊涂。这种人很享受支配他人的感觉，自我表现意识很强。如果你实在想要打断他，可以这样做：

（1）故意把东西弄掉或打翻。

（2）三十六计，走为上计。

（三）花言巧语的人

对于这样的人，务必要多加提防，因为他们为了达到自己的目的，或者为了获得某种利益，往往会阿谀逢迎，花言巧语，立场不坚定的人往往会落入他们的陷阱。

（四）喜欢揭露他人隐私的人

朋友聚会聊天儿，有时候可能会聊到某个人的隐私。对于别人的隐私，有爱讲的人，也有爱听的人，这是个很有意思的话题。经过研究发现，喜欢揭露别人隐私的人，要么是很羡慕，要么是很嫉妒，要么就是心存敌意。和这样的人交朋友，你要特别谨慎，以免自己的隐私也成为他聊天儿的谈资。

（五）喜欢扩散谣言的人

这样的人爱胡说八道，对自己说的话丝毫不负责任，通常会导演一出出恶作剧。他们的本质并不坏，只是为了引人注意，满足自己的虚荣心而已。

（六）喜欢与众不同的人

这样的人总体来说，可以分为两种：一种是故意卖弄自己的文采，满嘴之乎者也，讲得天花乱坠，头头是道，以此来掩盖自己的自卑；一种是极具挑战精神，敢于挑战权威，但是有时候却因为不能冷静考虑而引发偏激行为。

（七）言辞过激的人

这样的人通常知识渊博，见解深刻而独到，言辞激烈，一针见血。他们善于接受新生事物，反应灵敏，但是如果超出自己能操控的范围，便会不知所措。一旦抓住对方的短板，有机可乘，他们就会趁机进行猛烈的反击，有时还会由于过分偏激而陷入死胡同。

（八）看起来无所不知的人

这类人貌似什么都懂，什么都能说上几句，给人一种博大精深、无所不知的感觉。但是，正是因为他们的知识杂而乱，缺乏系统性，所以，一旦遇到难题就会毫无头绪。他们可能会帮你出几个主意，但是哪个主意都说不到点子上。如果他们能够深究事物的本质，学会深层次地分析问题，那么很有可能真的成为无所不知的全才。

吃吃喝喝，暗藏玄机

我们或许不知道，从一个人的吃相或者习惯性的吃喝动作也可以窥探出他的性格特征和心理活动，揣测他的心机，所谓“吃有吃相，喝有喝相”就是这个道理。

1. 吃饭状态看性格

吃要有吃相，古人云：

虎食狼餐贵不同，逡巡不觉一盘空，

端详迟缓宜相应，牛嚼羊吞福自丰，

鸟啄猪餐最贱庸，相他衣禄必无终，

咽粗急者人多躁，鼠食从来饮食空。

又曰：

相食看详缓，慌忙岂宜合，

更嫌如鸟啄，又忌食淋漓，

性暴吞须急，心宽下磐迟，

问君荣贵处，牛哺福相随。

跟朋友一起吃饭，通过观察他的吃喝行为来了解他的性格，不失为一个好办法。

如果他喜欢站着吃饭，那么证明他是一个不拘小节，对于吃喝不太讲究的人。他通常为了省时省力，吃饭会力求简单快捷，只要能吃饱就好。这样的人不会贪心，懂得知足，没有太大的野心，性格随和，为人体贴，慷慨而大方。

如果他喜欢边做事情边吃饭，那么证明他很忙，事情很多，生活节奏很快，但是他并不为此而感到苦恼，相反，还会引以为荣。

如果他边读书边吃饭，那么证明他很勤奋，他是为了吃饭而吃饭的人。他吃饭只是因为身体机能的需要，假如不吃饭身体能照常运转，那么他一定会绝食，因为在他看来，吃饭真的是一件费时又费力的事情。他的日程安排得很紧，为了更省时、更高效，他会想尽一切办法挤出更多的时间。

如果你的朋友喜欢边走边吃，让人感觉他来去匆匆，仿佛很赶时间的样子，或许实际并非如此。他们多半是因为自己不能合理地安排时间或者是由于自己的放纵而耽误了时间才造成时间的紧张。这样的人多会由于意气用事而冲昏了头脑，将事情弄得一发不可收拾。

恰恰相反，如果你的朋友吃饭很慢，那么他一定是个慢性子，做任何事情，他更加在乎的是享受的过程，做事慢慢悠悠，因此效率肯定会很低。

如果你的朋友喜欢回家吃饭，那么他一定是一个把家庭放在第一位、并且充满责任感的人。这样的人不喜欢被人照顾，这样会使他不知所措，浑身不自在，还不如自己亲自动手来得自在舒服。

如果你的朋友不管是在吃饭的时间，还是在饭量上都循规蹈矩，那么他一定生活得很有规律，不出意外，他们的生活规律将很难改变。但是这并不代表他们是一群呆板的教条主义者，

相反，他们有时候特别机动灵活，不论何时何地，都极其有原则、有底线。

如果你的朋友总想依靠别人提供的食物过活，总想依赖别人，那么他一定是一个生活不能很好自理、只贪图享受的人。他渴望永远像个孩子一样，被别人呵护和疼爱，缺乏责任感。

如果你的朋友常常不吃早饭，要么是因为太忙了，忙得没有时间吃饭；要么是因为熬夜工作，或者是无所事事、玩乐过度而起不来，耽误了吃早饭的时间。如果是前者，说明他很有事业心和责任感，为了自己的事业已经达到了废寝忘食的地步。

如果你的朋友只爱吃晚饭,则证明他是一个严于律己的人，他活得有目标、有方向，并且不断为之努力，并且暗示自己有什么样的付出就会有怎样的收获，这是他学习、生活和工作的无形动力。

如果你的朋友是整天只知道吃东西的人，那么这样的人大多是无所事事的人，他们其实并不饿，吃东西只是他们打发时间、消除焦躁的一种途径。因为他们觉得，起码吃东西才能让自己动起来。

2. 通过喝酒的习惯，判断一个人的性格

（1）看喝酒的场所

A. 喜欢选择高级酒吧、高级俱乐部喝酒的人，大多是为了关系和应酬。他们爱慕虚荣，内心孤寂，表现欲强烈，喜欢引人注意。这样的人表面上是去喝酒，实际是为了享受和寻找刺激。

B. 喜欢选择路边儿摊儿喝酒的人，大多简单朴实，内心坦诚，不喜欢装腔作势，喝酒只是为了缓解身心的疲惫。

C. 喜欢选择在快餐厅喝酒的人，多半是喜欢里边宽松、愉悦的氛围。他们喜欢在这样舒适的环境中搞联谊，热热闹闹。

D. 喜欢去夜店、舞厅喝酒的人，多半是爱慕虚荣之辈，他们醉翁之意不在酒，要么在意的是女人，要么是喝酒的对象。

E. 喜欢去喝酒屋饮酒的人，性格拘谨不张扬，喝酒的目的是想要放松自己的心情。

（2）酒后看性格

A. 酒越喝越开怀的人，生性开朗乐观，活得循规蹈矩，没有什么不良的爱好，遇事冷静，头脑清醒，是典型的“酒醉心不醉”。

B. 喝醉后满嘴胡言乱语的人，生性悲观而消极，认为自己生不逢时，怀才不遇，因此借酒消愁去排解满腹的牢骚。

C. 越醉越话多，甚至爱惹是非的人，情绪容易冲动，遇事不沉稳，容易招来祸端，命运多坎坷。

D. 喝醉后爱哭的人，性格多悲观，因为经常被瞧不起，所以很自卑，时常牢骚满腹，怨天尤人。

E. 醉后喜欢大笑的人，性格开朗，做事洒脱，不拘小节，

待人和善，而且富有喜感。

F. 酒喝得越多越爱发愣的人，性格腼腆，生性消极悲观，酒后爱耍酒疯，酒品差，但是性情温驯、待人和蔼。

G. 喝醉后爱睡觉的人，头脑理智能够很好地约束自己的行为，是典型的“人醉心不醉”。

H. 喜欢一个人喝酒的人，性格多郁郁寡欢，不善于与人交流，为人拘谨，胆小悲观。

（3）喝酒习惯看性格

A. 喝酒的时候，把酒杯靠近嘴边儿的人，多半是彬彬有礼的人，这样喝酒的男人，感觉有些像女人。他们不会自斟自酌，但是只要是跟朋友饮酒，定要有酒有菜又有肉。

B. 喝酒的时候，把嘴靠近酒杯的人，为人贪心，爱占小便宜，还特别小气。他们要么嗜酒如命，要么节衣缩食，为人极其吝啬。

C. 喝酒定要女性相伴的人，因心事无人倾诉而倍感寂寞，正是因为这样，总是担心被人瞧不起。

D. 从一家喝到下一家的人，聪明伶俐却认为自己怀才不遇，因为虚荣心很强，所以总是争强好胜，有时为了逃过回请，会说下次一定要让他请客埋单。

E. 睡觉前爱喝点儿小酒的人，内心一般孤独寂寞，不太擅长与人交流，忧思过重。

F. 喜欢早上饮酒的人，多半不切实际，总爱为自己的错误找借口，以此来逃避责任。

G. 喜欢饭前饮酒的人，头脑清醒，自我约束力很强，本是借酒浇愁，却没想到自己却因此喜欢上了喝酒。

H. 稍微喝一点儿酒就脸红的人，性格谦逊温和，对人坦诚矫揉造作，不管是说话还是办事，都很率直。

I. 酒后面不改色的人，大多不善言谈，总爱将自己的内心想法隐藏起来，意志坚定，忍耐力强。

J. 喜欢喝酒的时候划拳的人，内心多孤寂，时常通过喝酒取乐和工作来打发时光，排遣内心的寂寞。

3. 喝茶习惯看性格

同喝酒一样，人类有着悠久的喝茶史，不同的人有着不同的喝茶爱好。对于茶的口味儿，有人喜欢喝绿茶，有人则喜欢喝红茶；对于喝茶的场所，有人喜欢去茶馆，有人则喜欢在茶楼。对这些人进行细心的观察就会发现，他们的性格迥然不同。

（1）爱喝名茶的人

这样的人绝非普通平民，家中通常会有许多昂贵的名茶，生活条件优越。他们大多以自我为中心，认为自己做的事都是正确的，对周围人的一举一动很是敏感，如果别人有不同的意见，他就会反驳打压。这样的人很爱面子，甚至有时候他的慷慨解囊也是为了自己的面子。他们自信心十足，常常因固执己见，与人发生口角。

（2）讲究喝茶之道的人

这样的人精力充沛，性格缓慢，脾气随和，为人沉稳，心平气和。做事持久，有恒心，有耐力，注意力集中，心思细密。他们对待感情特别专一，绝不会朝三暮四，拈花惹草。

（3）喜欢去高级茶馆喝茶的人

这样的人总的来说，可以分成两种：他们要么是有钱人，要么就是打肿脸充胖子的人。很多有钱人或者是生意人，来这里跟朋友约会或者谈生意，就如同家常便饭一样。他们大多数自以为是，妄自尊大，永远觉得自己比别人聪明。实际上他们却心胸狭隘，固执己见，从来听不进去别人的意见。

（4）喜欢到街边茶馆喝茶的人

街边茶馆与高级茶馆相比，经济实惠，而且是各种小道消息的集散地，因此备受顾客的喜爱。喜欢来这里喝茶的人，性格多和善，为人心胸开阔，任劳任怨，心理抗打击能力强，做事不怕辛苦。工作中，他们勤勤恳恳，任劳任怨，不会偷奸耍滑；生活中，他们做任何事都毫无怨言，坚强无畏，勇扛重担。

但是，这样的人也有缺点，他们做事有些死板，不太灵活。

（5）喜欢待在家中喝茶的人

这样的人家庭意识强烈，喜欢与家人待在一起，对外面的世界不太感兴趣。他们碌碌无为，日子是得过且过，没有事业心和进取精神，一生甘于平庸，宁愿过着悠哉悠哉的生活，因此没有什么大的作为。

（6）不爱好喝茶的人

这样的人因为不喜欢喝茶，所以他们不会在家中喝茶，更不会出去喝茶。他们的性格腼腆内向，对别人的邀请毫无兴趣，也不会人云亦云。对于新生事物，他们一般会有很强的抵触心理，不愿意接受。与这样的人交往，做什么事都不能鲁莽，否则他们可能会立刻与你断交。

（7）偶尔陪朋友喝茶的人

这样的人虽然对喝茶不感兴趣，但是出于某种苦衷，又会经常陪朋友出去喝茶。他们整日疑神疑鬼，不苟言笑，对其他人总有防备和敌对的心理。他们不相信任何人，而且总觉得有人要骗他、陷害他，一有风吹草动，便惊慌失措，整日胡思乱想，忧心忡忡。